材料腐蚀与防护科学数据工程丛书

主编 李晓刚

海南文昌滨海环境 金属材料的大气腐蚀

肖葵 姚琼 吴俊升 高瑾 著

化学工业出版社

·北京·

内 容 简 介

本书基于在海南文昌大气环境腐蚀试验站系统开展的33种典型金属及镀层长达4年的户外暴露试验研究,分析总结了海南文昌滨海大气环境的气候环境特征,全面介绍了包括低合金钢、不锈钢、铝合金及阳极化膜、铜合金、钛合金、镁合金、锌等典型金属材料的腐蚀行为与腐蚀特征,以期为工程设计人员提供典型金属材料在热带滨海大气环境下的腐蚀行为、规律及数据查询参考资料,从而指导工程装备选材设计、综合防护及寿命评估工作,并为海洋重大基础设施及重大工程装备的安全服役和运行维护提供基础腐蚀数据和参考依据。

本书可以为从事黑色金属材料、有色金属材料、海洋环境腐蚀与防护技术领域的研究人员以及海洋工程建设与设施制造领域的相关技术人员、设计人员提供材料腐蚀试验数据和参考资料。

图书在版编目(CIP)数据

海南文昌滨海环境金属材料的大气腐蚀/肖葵等著 . —北京:
化学工业出版社,2022.11
ISBN 978-7-122-42599-7

Ⅰ.①海… Ⅱ.①肖… Ⅲ.①沿海-地区-大气环境-影响-
金属-防腐-数据-文昌-手册 Ⅳ.①TG174-62

中国版本图书馆CIP数据核字(2022)第230585号

责任编辑:刘丽宏　　　　　　　　　　　　文字编辑:吴开亮
责任校对:王　静　　　　　　　　　　　　装帧设计:刘丽华

出版发行:化学工业出版社(北京市东城区青年湖南街13号　邮政编码100011)
印　　　刷:北京云浩印刷有限责任公司
装　　　订:三河市振勇印装有限公司
710mm×1000mm　1/16　印张15½　字数299千字　2023年8月北京第1版第1次印刷

购书咨询:010-64518888　　　　　　　　售后服务:010-64518899
网　　址:http://www.cip.com.cn
凡购买本书,如有缺损质量问题,本社销售中心负责调换。

定　　价:108.00元

材料分为金属材料、无机非金属材料、高分子材料和复合材料四大类，是在宇宙自然进化的基础上，由人类社会升华而来的有用物质。材料腐蚀是材料在使用环境中，发生破坏而导致性能降低的过程。腐蚀是自然过程，各种人造的材料一定会发生腐蚀，即腐蚀是自发过程，与水必然向低处流一样。

人有生老病死，与人一样，所有由材料构成的设备都有一定的使用寿命，都会发生像人一样的生老病死的过程，在使用过程中将遭受不同形式的直接或间接的损坏。材料的损坏形式是多种多样的，但最重要、最常见的损坏形式是腐蚀。

腐蚀是材料在环境介质的化学作用（包括电化学作用）以及与物理因素协同作用下发生破坏的现象。材料发生腐蚀应具备以下条件：①材料和环境构成同一体系；②相互作用；③材料发生了化学或电化学破坏。只要具备以上条件，材料腐蚀就存在。腐蚀的定义在金属材料的腐蚀研究中最为严密与成熟。但是，腐蚀不仅在金属材料中发生，也存在于陶瓷、高分子材料、复合材料和各种功能材料等所有的材料中。对高分子材料，一般用"老化"表示，其表达内容与腐蚀基本相同，只是高分子材料光老化是由光辐照引起的化学过程。近年来，随着各种功能材料的大量出现，以及力、热、声、电、光等物理环境因素在材料破坏中所起的作用不断被关注，传统的"腐蚀"概念发生了进一步扩充与深化。

腐蚀造成的材料直接损失相当严重。金属在各种环境中都可能发生腐蚀。使用量最大的钢铁因遭受腐蚀而变成铁锈，因此使许多设备过早地报废，不能使用。全世界每年由于腐蚀而造成报废的钢铁高达总产量的三分之一，其中大约又有三分之一不能回收利用。材料腐蚀给人类造成的损失超过风灾、火灾、水灾和地震等自然灾害的总和，腐蚀造成的损失高达国民生产总值的3%～5%。

腐蚀不仅大量吞噬钢材，同时生产过程中的腐蚀还会造成设备的跑、冒、滴、漏，严重污染环境，甚至着火、爆炸，引起厂房、机器设备破坏，酿成严重的事故。材料腐蚀间接损失是其直接经济损失的两倍以上。另外，腐蚀问题直接影响许多新技术、新工艺的实施，尤其在化工产品开发方面，因腐蚀问题解决不了，致使一些新产品、新工艺迟迟不能投产。例如，1903年德国科学家哈珀发明了合成氨工艺，但是使得人类社会第一次面对高温高压的氢气。高温高压氢气对钢铁材料腐蚀性极强，德国和美国的科学家花费了3年时间成功研制了抗高温高压氢气腐蚀的新钢种，才实现了合成氨工艺在工业上的大量生产，有效带动了化肥的产量，从而使人类社会农产品产量大幅度提高，促进了社会的大发展。因此，材料腐蚀是一个重大的社会不安全、不安定和降低社会运行效率的因素，材料腐蚀导致的次生灾害与损失大大高于直接损失。

材料腐蚀导致的最大次生灾害和损失就是人员伤亡，人们为此付出了惨重的生命代价，虽然每次事故形式不同，离奇古怪，但是原因十分简单：人为忽视了材料腐蚀的危险性。这样的事故经常发生，虽然将来也无法避免，但是，只要提高警惕就可以最大限度避免这类事故发生。

目前，经济发达国家和地区正在以大幅度提高能源效率、资源效率和环境效率作为战略目标和前瞻性投资的依据，腐蚀问题已经成为影响国民经济和社会可持续发展的重要因素之一。我国的腐蚀与防护措施和制度还不健全，大规模经济建设的同时，在更多的领域中暴露出越来越多的腐蚀问题，腐蚀与防护水平与国外先进水平相比还存在较大差距，对我国经济的可持续发展造成了一定程度的影响。材料在环境中腐蚀的同时，其腐蚀产物不可控制地要进入到水、土壤等自然环境中，给自然环境也带来了严重的影响。武器装备的腐蚀失效问题是长期困扰各国军队的主要问题之一，军事装备的高质量和高可靠性是军队完成军事任务和保持战斗力的基本保障条件之一。由于武器在各种苛刻环境中的腐蚀失效问题造成装备彻底丧失战斗力的例子不胜枚举。

可见，材料腐蚀导致的次生灾害多么惨烈！虽然材料腐蚀每时每刻都在静悄悄地发生，但是材料腐蚀导致的次生灾害却不是静悄悄的！材料静悄悄地腐蚀，由此导致的损失和惨烈的次生灾害，要充分引起社会各界和广大民众的关注。

设备与设施是人类社会物质部分的最重要体现，尤其是重大装备和基础设施，更是人类社会生存与发展的重要依托与手段。设备与设施是由各类材料构成的，材料腐蚀与失效是材料与环境交互作用导致性能下降的自然过程。在设备的腐蚀失效分析中，各类材料腐蚀机理研究的成果异常重要，腐蚀机理研究是准确确定腐蚀原因最重要的科学基础，腐蚀在线诊断是确定腐蚀原因最重要的技术基础。大数据理论和技术对腐蚀领域的冲击推动了设备腐蚀智慧管理时代的来临，设备腐蚀智慧管理是智慧社会建设重要的组成部分。

《材料腐蚀与防护科学数据工程丛书》以材料腐蚀数据积累、材料腐蚀机理与规律研究、设备设施腐蚀联网观测以及系列耐腐蚀新材料开发为主题，相信会为设备腐蚀智慧管理和智慧社会建设，提供重要的科学基础，做出应有的贡献。

主编

李晓刚

　　海南文昌已建成第一个低纬度滨海航天发射场，也是目前国内最大、发射条件最好的发射场之一，主要用于发射"长征五号"等新一代运载火箭，承担地球同步轨道卫星、大质量极轨卫星、大吨位空间站和深空探测卫星等航天器的发射任务，具有十分重要的国家战略意义。文昌航天发射场由于长期在严酷海洋大气环境中服役，各种材料和设施都面临严重的腐蚀风险，因此装备设施材料的耐久性、安全性问题是未来数年乃至长期服役所必须面对和解决的重大工程安全问题。

　　文昌航天发射场相关设施距离海岸仅数百米，处于典型的高温、高湿、高盐雾、高辐照严酷海洋大气环境中。前期基于现场试验和数据分析可知，海南文昌属于典型的热带季风气候，年均温度为25.1℃，年均相对湿度高达87.2%，年均降雨量为1500～2000mm，年太阳辐射总量达4554～4814MJ/m²，氯离子沉降量平均值达到0.549mg/（100cm² · d）。文昌航天发射场达到C5以上的腐蚀环境严酷度，远超过内陆其他航天发射场的设计标准；且由于发射过程中产生的冲击和高温，更加剧了环境的腐蚀性，加之该地区经常受到台风等自然灾害的侵袭，气候环境十分严酷。因此，针对材料的环境适应性开展试验考核及评价技术研究十分迫切，对了解和评估装备设施的服役状态和运行安全尤为重要。

　　2014年起，文昌航天发射场、北京科技大学国家材料环境腐蚀平台以及国内科研单位在海南文昌陆续开展了材料腐蚀试验和数据积累工作，经过几年的发展，已经建设成了一个标准的材料环境腐蚀试验平台——海南文昌滨海大气环境试验站（简称文昌试验站），可开展包括金属材料、涂层材料、有机高分子材料以及各类构件和装备的户外暴露试验、棚下试验、库存试验等环境试验和检测分析。文昌试验站已成为我国载人航天工程装备设施材料海洋环境适应性评价及考核的标准化试验平台，为低纬度滨海航天发射场装备设施的长期安全运行提供了技术保障。我们通过材料户外环境长期暴露试验，完成了包括碳钢、耐候钢、不锈钢、铝合金、钛合金、镍基合金、铜合金等30余种常用金属材料的大气腐蚀试验研究，获得了常用金属材料在海南文昌滨海航天发射场环境中的基本腐蚀行为和规律。这是我国首次在滨海航天发射场较系统地开展金属材料环境适应性试验研究工作，为航天工程装备的选材设计及运行维护提供了基础数据支撑，也为我国长期开展滨海航天发射场材料环境适应性试验考核及评价奠定了良好的基础。

本书的研究工作是在文昌航天发射场、国家材料环境腐蚀平台和国家材料腐蚀与防护科学数据中心的研究工作组（名单如下）共同努力下完成，同时得到了包括科技部国家科技基础条件平台建设专项（No.2005DKA10400）、国家科技基础资源调查专项（No.2019FY101400）、国家自然科学基金项目（No.51771027）、山东省泰山产业领军人才工程（鲁政办字〔2020〕10号）"海洋用新型耐蚀铝合金材料研发与产业化"等资助。特别感谢文昌航天发射场王泽民、邓洪勤、毛万标等领导对文昌试验站建设和材料腐蚀数据积累工作的大力支持与指导！本书相关研究工作组人员如下：

主　　任：钟文安　李晓刚

副 主 任：唐功建　贾宏亮　董超芳

研究人员：肖　葵　姚　琼　吴俊升　高　瑾　骆　鸿　张博威　吴　军
　　　　　邹士文　李智斌　张树磊　王光义　张　博　严胜勇　涂齐勇
　　　　　陈少将　张东玖　郑　艳　王　宁　张　闯　杨德刚　施　萧
　　　　　陈峥光　樊　晶　徐腊萍　徐绯然　张小波　欧阳熙　刘宪秋
　　　　　张　震　王　亚　赵　永　姚世恒　李　宁　张　兴　陈　闽
　　　　　杨　波　陈　阳　黄红艳　唐安志　韩易宏　何　平　邵军贤
　　　　　焦瑞鹏　刘亚广　张再经　訾金刚　陈振华　刘　延　胡为峰
　　　　　张　新　李曌亮　张　展　尹程辉　张世元　薛　伟　孔德成
　　　　　李瑞雪　易　盼　白子恒　冯亚丽　刘倩倩　宋嘉良　陈俊航
　　　　　卢　帅　陈娜娜　何林玥　吴　飞　梁　帅　潘志敏　王雪飞
　　　　　成红旭　赵前程　刘　璇　安允生　李金硕　胡智浩　张泽群
　　　　　邬　聪　肖富来　曲信磊

由于受工作和认识的局限，本书尚存在诸多不足，敬请读者赐教与指正。

《海南文昌滨海大气环境金属腐蚀行为规律》研究工作组

第 1 章

海洋大气环境金属腐蚀行为与规律

 1.1 海洋大气环境腐蚀特征及影响因素

 1.1.1 腐蚀特征

金属材料及制品暴露在大气环境中，由于水与氧气等的化学和电化学作用而引起的金属变质甚至破坏的现象称为金属的大气腐蚀。按照金属表面的潮湿程度，可把金属的大气腐蚀分为干的、潮的和湿的大气腐蚀三种；此外，还可基于大气污染的情况，将其分为乡村大气、工业大气、海洋大气、海洋工业大气等几种不同大气环境下的腐蚀。其中，海洋大气环境是各种大气环境中较为典型、腐蚀程度较严重的一种[1, 2]。

海洋大气是指在海平面以上由于海水的蒸发（海水含盐量一般在3%左右，是天然的强电解质）形成含有大量盐分的大气环境。在海洋与大气的相互作用中，海洋大气的湿度与温度是两个最重要的指标，湿度对材料表面液膜的形成有重要的影响，海洋大气环境中相对湿度较大，金属材料表面容易形成腐蚀性液膜，同时腐蚀速率随温度升高而提高。海岸附近的大气中含有大量的海盐粒子，距海岸线距离不同，氯离子浓度、温度、湿度、降雨量等也会发生变化，大气中盐雾含量较高，对金属有很强的腐蚀作用。另外，沿海的大气污染也是重要因素[3]。因此，海滨城市受海洋大气影响的腐蚀现象非常严重，金属材料受到腐蚀后会影响海洋环境下服役的装备与设施的整体性能。

 影响因素

事实上，绝大部分海洋材料是在海岸线附近服役的，海岸线附近的大气与海洋上的大气是有区别的，主要表现为距海岸线越远，氯离子浓度越低。一般将距离海岸线200m以内区域的大气环境称为海洋大气的腐蚀环境[3]。影响海洋大气环境腐蚀的因素包括海洋大气的成分、温度、湿度、污染物，由于金属表面存在着含盐液滴，金属表面的腐蚀要比内陆大气环境严重得多。另外，特别是氯化钙和氯化镁等海盐粒子，具有极强的吸湿性，容易在金属表面形成液膜，在夜间或温度变化达到露点时更为明显。在海盐粒子当中对海洋大气环境腐蚀有较大影响的是氯化钠，它的存在促进了腐蚀的产生。

金属材料在海洋大气环境中，由于受到各种气候和环境因素的综合作用，导致发生严重的腐蚀。影响海洋大气腐蚀的主要因素包括三个方面：气候因素、环境因素和金属表面状态。

（1）气候因素　海洋大气中的气候因素将直接影响着对材料的腐蚀作用，气候因素主要包括：相对湿度、温度和温差、降雨量、日照时间等，其中，大气的相对湿度最为重要[4-8]。

① 相对湿度　大气腐蚀是一种发生在薄液膜下的电化学反应过程，空气中水分在金属表面凝聚而生成水膜（液膜）是发生大气腐蚀的基本条件，水膜的形成与大气的相对湿度有关，因此，大气的相对湿度是影响大气腐蚀的主要因素之一。金属表面形成液膜所需相对湿度的最低值称为腐蚀临界相对湿度值。大气的相对湿度超过该金属的腐蚀临界相对湿度值后，大气腐蚀性随着相对湿度值增大而增强。由于海洋大气中约86%的水汽是由海洋直接提供的，其相对湿度较大，且都高于金属的腐蚀临界相对湿度值，因此海洋大气环境腐蚀通常是在潮大气和湿大气环境条件下进行，金属表面液膜的厚度，直接影响到金属腐蚀速率和腐蚀机理。

不同物质或同一物质的不同表面状态，对于大气中水分的吸附能力不同，形成水膜所需的相对湿度条件也不同。另外，由于光照、风吹和降雨的影响，材料表面的水膜也会发生改变。腐蚀临界相对湿度值与金属种类、表面状态及环境气氛有关，金属表面越粗糙，其腐蚀临界相对湿度值就越低；金属表面上沾有易于吸潮的盐类或灰尘等，其腐蚀临界相对湿度值也会降低。通常钢铁、铝、铜、镍、锌等金属的腐蚀临界相对湿度值为50%～70%[9]。

② 温度和温差　大气温度及温差是影响大气腐蚀的又一重要因素，因为它能影响材料表面水汽的凝聚、液膜中各种腐蚀性气体和盐类的溶解度、液膜的电阻，以及腐蚀微电池中阴、阳极的反应速率。从动力学方面考虑，当相对湿度达到金属腐蚀临界相对湿度时，温度的影响十分明显，温度在-15～30℃逐渐升高时，氧在电

解液液膜中的扩散速率加快，明显加速了大气腐蚀[3]。按一般化学反应，温度每升高10℃，则反应速率约提高2倍。但是，较高的温度会使金属表面难以存在薄液膜，导致大气相对湿度低于金属腐蚀临界相对湿度值，从而使温度对腐蚀速率的影响变小。

温差的影响表现在金属表面上的凝露作用。例如昼夜之间温差较大，当夜间温度下降时，由于金属表面温度低于周围大气温度，大气中水汽结露凝结在金属表面上，这加快了金属的大气腐蚀。徐乃欣等[10, 11]的研究表明，金属的大气腐蚀起始于表面上的结露，金属表面结露形成的水膜中如果溶解了海盐颗粒，便成了导电性能良好的电解质溶液，大气腐蚀就发生在这样的薄液膜下。就金属的大气腐蚀而言，温差的影响比温度的影响大，因为温差不仅影响水汽的凝聚，还影响凝聚水膜中气体和盐类的溶解度。

③ 降雨量　海洋水在太阳能的作用下变为水蒸气，海洋水变为大气水，在风力的作用下飘到陆地上空，遇冷凝结形成降雨[3]。降雨对大气腐蚀的影响主要体现在两个方面：一方面，由于降雨增大了大气中的相对湿度，延长了润湿时间，同时因降雨的冲刷作用破坏了腐蚀产物的保护层，起到促进腐蚀的作用；另一方面，降雨还能冲洗掉金属表面的灰尘、盐粒等各种污染物，降低了液膜的腐蚀性，这样在某种程度上减缓了腐蚀的作用[9]。

④ 日照时间　日照对大气腐蚀起间接作用，日照时间越长，金属表面液膜消失越快，使得腐蚀总量减少。海洋大气中的材料背阴面往往比向阳面腐蚀更快。这是因为与向阳面相比，背阴面的金属材料尽管避开了太阳光的直射，温度较低，但其表面的尘埃和盐粒及污染物未被及时冲洗掉，润湿程度更高，从而腐蚀更为严重。

（2）环境因素　除了主要气候因素外，海洋大气环境中污染物对于金属腐蚀的作用也至关重要。大气腐蚀的环境因素主要由大气中的气体污染物和金属表面固体沉积物两部分组成，二者统称为大气污染物[12, 13]。大气污染物有数十种之多，如工厂烟气所排放的硫化物、氮化物、二氧化碳、一氧化碳等，也有来自自然界的，如海水中的氯化物以及其他固体颗粒，它们对金属的大气腐蚀也有很大影响。与其他类型大气环境相比，海洋大气中含有大量的海盐粒子。当这些海盐粒子溶于金属材料表面的液膜中时，液膜变成腐蚀性很强的电解质溶液，这样加速了金属的大气腐蚀。

① 腐蚀性气体的影响　距离海岸较近的工业大气中，常伴有SO_2、CO_2和NO_x等气体，这对金属的腐蚀有着极大的影响。其中，SO_2的影响最大，它对碳钢、耐候钢、锌、铜、镍等金属的腐蚀作用是明显的。屈庆、严川伟等[14-16]研究了NaCl和SO_2共同存在时锌的大气腐蚀，发现锌在大气腐蚀的初始阶段，NaCl和SO_2有协同作用，这与锌表面氧化膜的存在有直接关系。在腐蚀前期，锌的表面已经形成氧化膜，一定量NaCl的存在使锌的腐蚀很快由最初的加速阶段过渡到抑制阶段。万晔等[17]研究了微量SO_2存在的实验室模拟条件下，沉积不同质量硫酸铵颗粒的Q235钢的大气腐蚀行为，发现沉积了硫酸铵颗粒的Q235钢试样比空白试样的腐蚀严重，并且随着

沉积量的增加，试样的腐蚀现象愈发严重。

在以前的研究中，关于CO_2对金属的腐蚀作用探讨很少，但随着工业的快速发展，大气中CO_2含量的日益增加，其对金属产生的影响正成为国内外密切关注的课题。王凤平等[18-20]研究了CO_2在Q235钢大气腐蚀中的作用，发现在相对湿度大于金属腐蚀临界相对湿度条件下，Q235钢的大气腐蚀速率随CO_2含量的增加而提高，CO_2对金属的腐蚀具有加速作用。在含大量CO_2的潮湿大气条件下，Q235钢腐蚀产物形貌存在层状结构，即内层和外层结构，内层腐蚀产物的保护作用微弱，外层腐蚀产物无保护作用。随着工业燃料燃烧温度的提高以及缺乏对污染气体进行有效的控制，导致空气中NO_x的含量增加。有研究表明[21, 22]，NO_2对大气腐蚀的影响很小，而有人却认为NO_2有缓蚀效应。

② 海盐粒子的影响　海盐粒子有很强的吸湿性，是海洋大气中含有大量的海盐粒子，沉积在金属表面形成强腐蚀性介质，从而促进金属的大气腐蚀过程。海洋大气环境中海盐的沉积量与风浪条件、沉积表面距离海面的高度和在空气中暴露时间的长短等因素有关。因此，不同海域下的大气环境中，沉积表面Cl^-沉积量不同。另外，随着海岸线向内陆的扩展，大气中盐雾含量逐渐降低，海洋大气腐蚀会相对减弱直至过渡到一般的大气腐蚀[3]。

国内外许多研究者[23-25]开展了氯化物对金属大气腐蚀的影响的研究。屈庆等[25]研究表明，NaCl沉积会导致Q235钢腐蚀加剧，Q235钢腐蚀失重随NaCl沉积量的增加而增加，但腐蚀进行一段时间后，腐蚀失重增加减缓。Corvo[26]的研究表明，碳钢的腐蚀速率随暴露点距海岸线距离的增大而急剧降低，这与空气中的Cl^-浓度分布显著相关，反映了海洋大气的强腐蚀性。亦有研究表明[27]，海盐粒子中的Cl^-具有强烈的穿透性，可轻易穿过表面腐蚀产物层渗透到基体。另外，在海岸附近的大气中常含有钙和镁的氯化物，这些盐类的吸湿性增加了在金属表面形成液膜的趋势，这点在夜间或气温达到露点时表现得更为明显[28]。朱红嫚等[29]通过铝合金在万宁近海大气环境下的暴露试验，研究了不同距离下铝合金的腐蚀失重及受Cl^-浓度影响。结果表明，距离海岸线越近，大气中Cl^-含量越高，铝合金腐蚀越严重，说明Cl^-对铝合金有很强的腐蚀作用，其能加速铝合金的腐蚀。

③ 固体尘粒的影响　固体尘粒对大气腐蚀的影响可分为三类：

a. 可溶性和腐蚀性尘粒溶解于液膜中成为腐蚀性介质，起促进腐蚀的作用；

b. 尘粒本身无腐蚀性，也不溶解，但它能吸附腐蚀性物质，当溶解在液膜中时，加速腐蚀过程；

c. 尘粒本身既无腐蚀性又不吸收腐蚀性物质，但落在金属表面上可能与金属表面间形成缝隙而凝聚水分，形成具有氧浓度差的局部腐蚀条件。

A.Askey等[30]研究了烟尘颗粒对锌、钢腐蚀的影响。邹美平等[31]研究了表面污染物对冷轧低碳钢板耐大气腐蚀性能的影响，表明来自钢板生产过程在钢板表面形成的残留物，如残油、残铁等，对钢板的耐大气腐蚀性能有直接影响。

（3）金属表面状态　金属表面状态特别是材料表面粗糙度对大气腐蚀的发生和发展有很大的影响。因为粗糙的表面增加了材料表面的毛细管效应、吸附效应和凝聚效应，所以使材料表面出现"露水"时的大气湿度值（即临界大气湿度值）下降。当表面存在污染物质时，对表面微液膜的形成更加有利，会进一步促进腐蚀过程。J.Itoh 等[32]研究了铜的不同表面状态对初期大气腐蚀的影响，表明在大气腐蚀初期，腐蚀速率受到氧化膜特征的影响而变化，最初形成的氧化膜阻碍腐蚀的作用较弱，后期所形成的氧化膜可以起到阻碍腐蚀的作用。

另外，腐蚀产物是影响大气腐蚀发展的重要因素。经大气腐蚀后的材料表面上所形成的腐蚀产物膜，一般有一定隔离腐蚀介质的作用。故对于多数材料来说，腐蚀速率随暴露时间的延长而有所降低，但很少呈线性关系。这种产物保护现象对耐候钢尤为突出，原因在于其腐蚀产物膜中金属元素富集，使锈层结构致密，起到良好的屏蔽作用。但对于镀有阴极性保护层的金属，常常由于镀层有孔隙，导致底层金属腐蚀生成腐蚀产物，使体积膨胀而导致表面保护层脱落、起泡、龟裂等，甚至发生缝隙腐蚀。

1.2　文昌大气环境特征

海南岛属于热带季风性气候。文昌地处该岛最东部，东邻南海，属热带北缘沿海地带，海岸线长达200余千米，具有高温、高湿、多雷暴、强降水、有热带气旋登陆和高盐雾等气候特点，热带海洋大气环境特征明显。

1.2.1　温湿度

文昌地区常年温度较高，年平均气温为25.1℃，月平均气温除12月至次年2月会在22℃以下外，其余各月均在22℃以上。文昌地区气温年际变化较小，2016—2020年，气温的年较差最低为8.2℃，最高为11.3℃。历年各月极端最高气温：平均值为30.5℃，最高值为35.4℃（8月），最低值为25.1℃（2月）。历年各月极端最低气温：平均值为18.8℃，最高值为25.4℃（7月），最低值为6.1℃（2月）。各月极端最高气温平均值：最高为34.2℃（8月），最低为26.3℃（2月）。各月极端最低气温平均值：最低为11.1℃（1月），最高为24.8℃（7月）。

图1-1为文昌试验站2016—2020年各月平均温度变化图，可知文昌环境气温的逐月变化小，其变化具有单峰形态，5月至9月为气温峰值段，月平均气温一般为27.3 ~ 29.3℃，全年气温最低月份主要出现在12月至次年2月，月平均气温一般为17.3 ~ 22.1℃。

图1-1　文昌试验站2016—2020年各月平均温度变化图

　　图1-2为五年（2016—2020年）月平均温度变化图。数据显示五年月平均气温最高为28.7℃（7月），最低为20.2℃（2月）。与年际变化和逐月变化不同，文昌地区气温存在明显的日变化。日最高气温一般出现在14时前后，日最低气温3月至11月一般出现在02时前后，12月至次年2月一般出现在08时前后，气温的日较差一般为4～5℃。

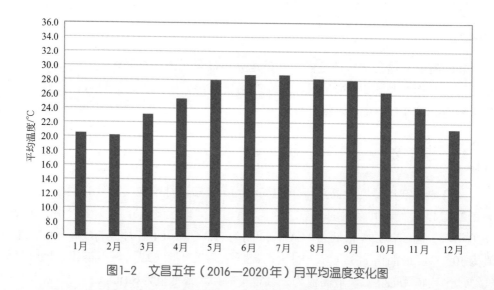

图1-2　文昌五年（2016—2020年）月平均温度变化图

　　文昌地区年平均相对湿度为87.1%，2016—2020年平均最高相对湿度为88.6%，最低为85.6%。各月5年平均相对湿度最高为91.5%（3月），最低为83.9%（10月）。有记录以来文昌极端最小相对湿度主要出现在10月至12月，最低为35%（12月）。极端最小相对湿度年：平均最高为66.3%（5月），其次为65.3%（3月）；最低为53.0%（10月），其次为53.8%（12月）。

　　图1-3为文昌2016—2020年月平均相对湿度变化图。数据显示文昌大气湿度的

年变化和月变化都比较小，10月至12月为全年相对湿度较低的月份，除10月至12月出现月平均相对湿度低于82%外［最低为77.5%（11月）］，其他月份相对湿度均大于82%，最高为93.7%（5月）。常年维持较高湿度（平均相对湿度＞86%，露点温度＞21℃，水汽气压＞26hPa），远高于GB/T 19292.1—2018《金属和合金的腐蚀 大气腐蚀性 第1部分：分类、测定和评估》规定的最高湿度τ5等级（τ＞60%），对该环境下的设施设备的腐蚀具有较大影响。

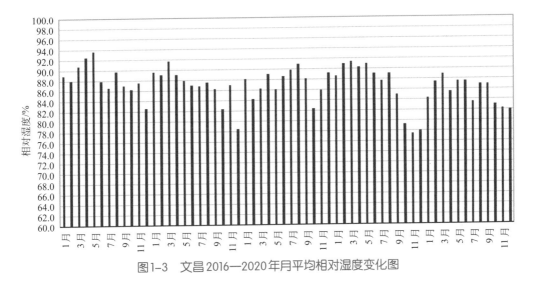

图1-3　文昌2016—2020年月平均相对湿度变化图

图1-4为2016—2020年各月5年平均相对湿度变化图。由图1-4可知文昌10月至12月为5年平均相对湿度较低的月份，最低为82.7%（10月），其他月份5年平均相对湿度均大于82%，最高为90.7%（3月）。

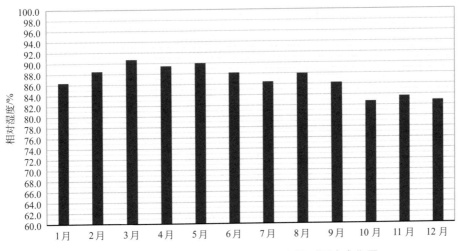

图1-4　文昌2016—2020年各月5年平均相对湿度变化图

与年际变化和逐月变化不同，文昌地区相对湿度存在明显的日变化。图1-5为3月、5月、10月相对湿度日变化对比图。由图1-5可见文昌相对湿度日变化具有"浴盆"曲线的变化特点。全天在10时和17时期间相对湿度明显降低，时长约7h。在相对湿度较高的月份，相对湿度明显降低的时间出现在12时以后，时常缩短为5h。各月10时和17时期间的相对湿度不同，平均相对湿度较高的3月相对湿度在85%左右，5月在80%左右，10月在60%～65%之间。

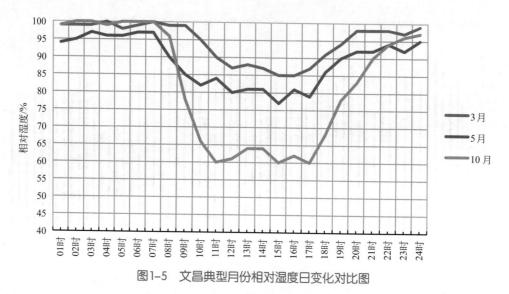

图1-5　文昌典型月份相对湿度日变化对比图

1.2.2 ╱ 污染物

根据中国科学院金属腐蚀与防护研究所的海南省大气腐蚀性调查，海南省基本上属于无污染区或低污染区。对文昌地区大气中氮氧化物进行多点监测，各测试点大气中NO_x平均质量浓度为0.008mg/m³，仅为国家标准允许值的1/10，不同测点的数值基本相同，表明与距海岸线距离无关。

相关研究表明，盐雾浓度和沉降速率随距离海岸线的距离增加而下降得非常快，Cl⁻绝大部分分布或沉降在距海岸线数千米范围内，其中以1000m以内区域，尤以400～500m以内区域沉降量最大。文昌试验站的测试数据也反映了这一规律，距海岸线400m左右，Cl⁻质量浓度为0.03～0.05mg/m³，沉降速率为0.5～1.4mg/（100cm²·d），在距海岸线1200m处分别下降到0.01～0.02mg/m³和0.06～0.16mg/（100cm²·d）。

在文昌距离海岸线约400m的观测点采用连续采集法对5种大气腐蚀介质，二氧化氮、硫化氢、氨、硫酸盐和海盐粒子，进行了观测分析。

图1-6为文昌大气中二氧化氮沉积速率图。数据显示文昌大气中二氧化氮含量

较低，大部分月份沉积速率小于0.02mg/（100cm² · d）。二氧化氮沉积速率平均值为0.0188mg/（100cm² · d），变化范围为0.0002 ～ 0.1298mg/（100cm² · d）。年际变化大，2017—2019年年平均值分别为0.0385mg/（100cm² · d）、0.0055mg/（100cm² · d）、0.0123mg/（100cm² · d）。

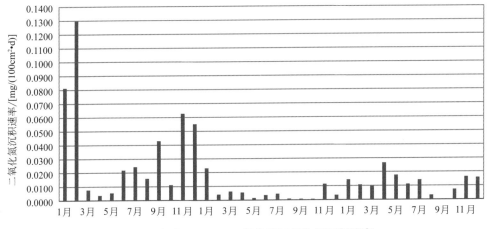

图1-6　文昌2017—2019年各月二氧化氮沉积速率

图1-7为文昌各月硫化氢沉积速率图。数据显示文昌大气中硫化氢一直存在，数值主要集中在0.02 ～ 0.07mg/（100cm² · d）区间，其沉积速率平均值为0.0474mg/（100cm² · d），变化范围为0.0066 ～ 0.1048mg/（100cm² · d），但年际变化较小，2017—2019年年平均值分别为0.0432mg/（100cm² · d）、0.0532mg/（100cm² · d）、0.0455mg/（100cm² · d）。

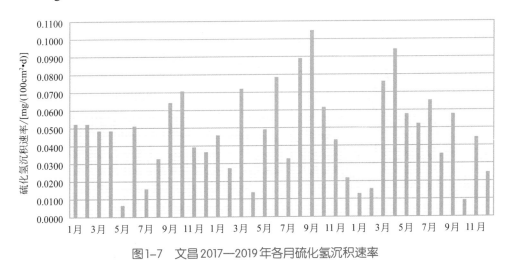

图1-7　文昌2017—2019年各月硫化氢沉积速率

图1-8为文昌大气中氨沉积速率图。数据显示文昌地区大气中氨含量极少。

氨沉积速率平均值为0.0039mg/（100cm² · d），变化范围为0.0000 ～ 0.0221mg/（100cm² · d）。年际变化大，2017—2019年年平均值分别为0.0090mg/（100cm² · d）、0.0018mg/（100cm² · d）、0.0010mg/（100cm² · d）。

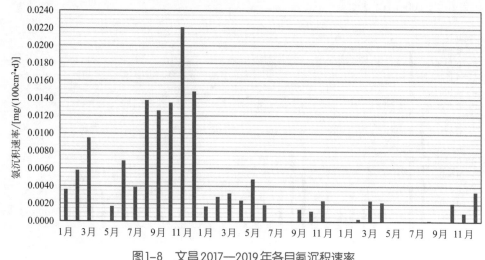

图1-8　文昌2017—2019年各月氨沉积速率

图1-9为文昌大气中硫酸盐沉积速率图。文昌硫酸盐沉积速率平均值为0.2419mg/（100cm² · d），变化范围为0.0016 ～ 0.8681mg/（100cm² · d）。年际变化较大，2017—2019年年平均值分别为0.3332mg/（100cm² · d）、0.1117mg/（100cm² · d）、0.2700mg/（100cm² · d）。

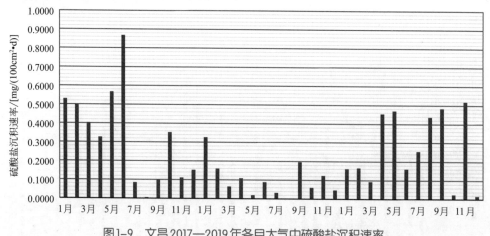

图1-9　文昌2017—2019年各月大气中硫酸盐沉积速率

图1-10为文昌大气中海盐粒子沉积速率图，其平均值为0.2639mg/（100cm² · d），变化范围为0.0630 ～ 1.3256mg/（100cm² · d）。年际变化大，2017—2019年年平均值分别为0.1153mg/（100cm² · d）、0.5884mg/（100cm² · d）、0.1153mg/（100cm² · d）。

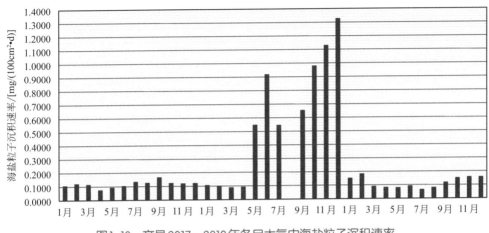

图1-10　文昌2017—2019年各月大气中海盐粒子沉积速率

综上数据分析，文昌大气中二氧化氮、硫化氢、氨含量低，主要腐蚀介质是硫酸盐和海盐粒子。

1.2.3 / 微生物

2018年3月对海南文昌地区室内及户外菌株进行了采集。海南文昌地区气候在此采集时间内属于旱季，平均气温为20～28℃ [21, 22]。共采集培育海南文昌室内及户外菌株23株，根据形态特征和分子测序对其进行了鉴定，鉴定结果表明这些菌株归属于15个属。经基因序列比对之后的真菌ITS基因序列结果如表1-1和表1-2所示。细菌16S rRNA基因序列比对结果如表1-3所示。经Blast对比之后，菌株相似度对应列于最右侧列中，每个比对结果给出对应属的中文术语。对于无法明确为某种的菌落PCR结果，使用sp.替代。由表1-1～表1-3可知，室内与户外菌种存在较显著的差异，户外微生物分析结果中未见细菌，说明户外真菌生长具有一定优势，生长繁殖能力较强，一定程度上抑制了细菌生长。

表1-1　海南文昌地区室内真菌ITS基因序列比对结果

ITS基因序列比对结果	GenBank序列登录号	属	相似度
Curvularia lunata	KY806118.1	弯孢属	100%
Trametes aff.maxima FPRI376	JN164918.1	栓菌属	100%
Aspergillus versicolor	LN898740.1	曲霉属	100%
Cladosporium tenuissimum	MF473305.1	枝孢属	100%
Perenniporia sp.	KY849400.1	多年卧孔菌属	100%
Lentinus sajor-caju	KT956122.1	香菇属	99%
Cercospora cypericola	KT193668.1	尾孢菌属	100%
Tritirachium sp.F13	EU497949.1	麦轴梗霉属	99%

表1-2　海南文昌地区户外真菌ITS基因序列比对结果

ITS基因序列比对结果	GenBank序列登录号	属	相似度
Microsphaeropsis arundinis	AB775571.1	小球壳孢属	100%
Periconia echinochloae	U307510.1	黑团孢属	100%
Alternaria longipes	KY027029.1	链格孢属	100%
Spegazzinia sp.	MH040810.1	斯氏格孢属	97%
Kalmusia italica	KY702577.1	假平座壳属	93%

表1-3　海南文昌地区室内细菌16S rRNA基因序列比对结果

16S rRNA基因序列比对结果	GenBank序列登录号	属	相似度
Bacillus velezensis	KY694464.1	芽孢杆菌属	99%
Pseudomonas psychrotolerans	NR_042191.1	假单胞菌属	99%
Pseudomonas oryzihabitans	NR_114041.1	假单胞菌属	99%

　　海南文昌室内菌株中有4个菌株属于丝孢纲、丝孢目，丝孢纲是半知菌中最大的一纲，菌丝体发达，分生孢子直接在菌丝上或各种特化的分支上，而不在分生孢子盘或分生孢子器内，有的无分生孢子。多数为严重危害高等植物的寄生菌，还有许多是重要的工业生产菌种或引起工、农业产品霉烂的腐生菌。海南文昌室内菌株中有3个菌株属于伞菌纲，伞菌纲包含大约16000已被描述的物种，占被描述的担子菌门的一半以上。两种分类方法中均显示弯孢属、枝孢属、尾孢菌属相互之间亲缘关系较近且与曲霉属菌株具有一定亲缘关系，菌株具有某些相似特点，而同属于担子菌门的3个菌株相互之间亲缘关系非常相近并与其他属菌株具有较远亲缘关系。

　　对文昌地区大气菌种进行统计分析，可以发现文昌室内真菌数量明显多于户外真菌数量，室内细菌数量显著多于户外细菌数量。通常，人类活动会对该地区微生物的数量造成影响，人类活动越密集、频繁的区域，其微生物含量相对越多[23]，因此文昌地区大气菌种统计结果为室内菌株明显多于户外菌株。各真菌菌株数量分布中，室内菌株中曲霉属（杂色曲霉）菌株有3株，约占室内菌株总数量的27.3%，多年卧孔菌属菌株有2株，约占室内菌株总数量的18.2%，其余室内菌株均为1株，约各占室内菌株总数量的9.1%；户外菌株中假平座壳属菌株有3株，占户外菌株总数量的37.5%，小球壳孢属菌株有2株，占户外菌株总数量的25%，其余户外菌株均为1株，各占户外菌株总数量的12.5%。海南文昌室内菌株中曲霉属菌株和多年卧孔菌属菌株出现频率较高，而海南文昌户外菌株中假平座壳属菌株和小球壳孢属菌株出现频率较高。各细菌菌株数量分布中，芽孢杆菌属菌株有2株，假单胞菌属菌株每种各有1株。海南文昌细菌菌株中芽孢杆菌属和假单胞菌属菌株出现频率较高。

1.3 典型金属材料海洋大气环境腐蚀规律

1.3.1 低合金钢

　　低合金钢具有较高的强度、塑性和韧性，广泛用于船舶、机械、车辆、航天等领域中[33]，但是在海洋大气环境中，低合金钢的耐腐蚀性是一个需要考虑的重要指标。如前所述，海洋大气环境中盐雾浓度较高，对低合金钢有较强烈的腐蚀作用，所以研究低合金钢在海洋大气环境中的腐蚀行为，提出降低低合金钢在海洋大气环境中的腐蚀速率的措施便具有极为重要的意义[34-36]。

　　目前，碳钢、低合金钢室外大气暴露试验和室内加速试验的结果表明[37, 38]，长期暴露在大气中的钢，随着锈层厚度的增加，锈层电阻增大，氧的渗入变困难，使锈层的阴极去极化作用减弱，从而降低了大气腐蚀速率。此外，附着性好的锈层内层，由于活性阳极面积的减小，阳极极化加大，也使腐蚀速率降低。王建军等[39]在海南、青岛两地进行了碳钢与耐候钢挂片3年的大气腐蚀速率测定和表面锈层分析，认为海洋大气环境下，耐候钢与碳钢的腐蚀程度在3年的大气腐蚀下相差不大，海南耐候钢挂片在第3年腐蚀速率有所降低，而在青岛的耐候钢挂片在第3年腐蚀速率反而提高。经3年的海洋大气暴露，耐候钢外锈层与碳钢锈层疏松多孔，疏松的锈层主要由 γ-FeOOH、α-FeOOH 和 Fe_3O_4 组成，α-FeOOH 趋向于基体表面分布。王成章等[40]采用Q235和Corten A钢在万宁试验站进行了不同暴露时间、朝向和不同试样表面状态的大气暴露试验，结果表明万宁试验站的高湿热、强日照、强辐射和高氯离子浓度的综合作用产生了极强的腐蚀性，在这种海洋大气环境下，钢表面形成有保护性的长期稳定致密的锈层是困难的，钢的腐蚀速率急剧提高。

　　耐候钢相对于碳钢，具有较好的耐大气腐蚀的性能，其原因是在表面形成了一层致密的氧化层，阻碍了腐蚀介质的进入。采用扫描电镜、X射线结构分析对碳钢与Cu-P系耐候钢生成的锈层结构进行了测定、分析和对比，发现耐候钢的锈层分为上下两层，下层为致密的非晶质尖晶石型氧化铁。下层与钢的基体界面很光滑，Cu、P、Cr等元素均富集在非晶质层内，Cr促进尖晶石化合物的生成，Cu促使尖晶石化合物非晶质化。在碳钢生成的锈层中发现许多处有FeOOH与钢基体直接相连，锈层多孔且有裂纹。Okada等[41]研究了在大气中暴露几年生成的锈层，认为内锈层主要为致密的X-ray无定形物质，内锈层中有Cu和P的富集。Yamashita等[42]研究了经长期暴露的（0.5 ~ 26年）低合金耐候钢上形成的锈层，发现耐候钢表面呈黑褐色，锈层分为内外两层。外部锈层呈光亮色，而内部锈层呈暗黑色。通过SEM（扫描电子显微镜）对表面锈层的内外部进行观察，发现外层主要是 γ-FeOOH，而内层主要为纳米颗粒的 α-FeOOH。Keiser等利用Raman光谱研究了FeOOH的可还原性，发现耐候钢锈层中无定形FeOOH和γ-FeOOH被转化为类似于Fe_3O_4的锈膜，而α-FeOOH则不易被还原。

要使耐候钢在实际海洋大气环境下得到更广泛的应用，必须调整耐候钢锈层的组成，缩短耐候钢锈层的稳定化过程，加速其形成均匀有效的稳定锈层。但要从根本上解决这些问题，必须了解耐候钢在初期的腐蚀行为和锈层的形成过程，以及对后期腐蚀行为的影响，从而为缩短稳定化锈层形成的时间和加速锈层的稳定化，改善耐腐蚀性提供依据。

1.3.2 ／ 不锈钢

世界上各工业发达国家早在20世纪初就开始对不锈钢在海洋大气环境下的腐蚀进行研究。Kain等[43]研究了海洋大气测试点暴露15年和60年后的不锈钢腐蚀行为，结果发现不锈钢的耐腐蚀性随合金中Cr含量的增加和Mo元素的存在而增强。董超芳等[44, 45]在西沙群岛苛刻的海洋大气环境下，研究了304和316L不锈钢经过不同时间暴露后的腐蚀行为，表明不锈钢在西沙大气环境暴露后以点蚀形式发生腐蚀并且随暴露时间延长，点蚀数量增多，表面腐蚀产物覆盖率逐渐增大，点蚀深度加深。316L与304不锈钢相比，在西沙大气环境中的腐蚀速率较低。Degerbeck等[46]研究发现，在海洋大气环境下，不锈钢经过精抛光的表面比磨光和酸洗表面更具有抗腐蚀性。Asami等[47]研究了四种不同表面状态的304不锈钢在海洋大气环境下暴露2个月和7个月后的腐蚀行为，结果表明不锈钢表面状态的抗腐蚀能力从大到小依次为光亮退火、酸洗、磨光和未经处理的轧制表面，同时认为这主要是由于不同的表面粗糙度具有不同的表面组成，产生不同的吸湿性引起的。

正是由于海洋大气这种特殊的环境条件，目前已有的研究结果表明不锈钢在海洋大气环境下发生的腐蚀类型为局部腐蚀[48, 49]，最常见的类型是点蚀。点蚀从萌生到发展需经历一个长短不一的诱导期。点蚀是外观隐蔽而破坏性大的局部腐蚀形态之一。点蚀发生部位，往往也是应力腐蚀裂纹和疲劳腐蚀裂纹的起始部位。Scully等[50]发现不锈钢点蚀易发生在其氧化物和硫化物夹杂处。Wi Lee等[51]研究发现，在氯离子的溶液中，加入硫酸根离子会阻碍点蚀的发生，却会促进点蚀的发展。Punckt等[52]用EMSI（椭圆显微镜表面成像技术）和高分辨显微镜原位观察点蚀发生过程，揭开了点蚀发生的细节过程，同时也为点蚀理论的发展奠定了基础。

1.3.3 ／ 铝及铝合金

铝及铝合金在大气环境中会形成一层致密的γ-Al_2O_3氧化膜，厚度为2～3nm，在水溶液或薄液膜环境中，γ-Al_2O_3外层将转化为薄层γ-AlOOH，γ-AlOOH最后转化为$Al(OH)_3$，故其耐腐蚀性较好，但在海洋环境中会受到氯离子的侵袭，因而也会发生一定的腐蚀。铝合金发生腐蚀的影响因素很多，除去合金元素成分与自身缺陷影响外，还有海洋大气环境因素的影响。溶解性强的侵蚀粒子扩散在铝合金表面，加强了对铝合金氧化膜的攻击穿透，比如氯离子、硫离子等，加速了铝合金的腐蚀速率。郑弃非等[53]通过对10种铝及铝合金在我国7个典型大气环境试验站1年和10年两个周期的大气腐蚀速率测试，表明海洋大气环境中 Cl⁻ 为影响铝及铝合金大气腐蚀的主要因素，但在污染相对严重时最大的污染物因素是 SO_2，它会导致溶液中的 pH 值显著降低，铝及铝合金保护层的溶解加速进行，腐蚀速率明显加快。Munier 等[54]通过室内模拟海洋大气腐蚀，发现铝及铝合金只有在约70%的相对湿度下才会发生腐蚀，等于或高于该湿度时，铝腐蚀产物会吸收足够多的水汽，促进化学反应过程。

铝合金海洋大气腐蚀形式主要有以下几种：全面腐蚀、点蚀、晶间腐蚀、剥蚀。Li 等[55]在平均相对湿度为82%的亚热带海洋大气环境中开展了铝合金腐蚀研究，发现铝合金遭受了以均匀腐蚀和点蚀为代表的局部腐蚀。Guillaumin 等[56]研究了 AA6063 铝合金在 3.5%NaCl 溶液中的电化学腐蚀行为，表明其腐蚀发生的首要部位是 Al-Si-Mg 金属间化合物内部，然后蚀坑逐渐扩大。Buzza 等[57]研究 AA6063 的点蚀发现，点蚀电位的大小不但与溶液 pH、Cl⁻ 浓度有关，而且与自然条件下腐蚀的时间有关系，其对点蚀稳定性起很大的作用。Rajasankar 等[58]提出了一个有关铝合金点蚀生长概率的基础模型，使得人们对点蚀发展有了一种理论上的预判断方法。

Minoda 等[59]研究了 AA6061-T6 铝合金微观结构，研究表明晶间腐蚀敏感性受晶界偏析产生的金属化合物相的微观结构影响，铝合金微观组织均匀化是非常必要的。Svenningsen 等[60]研究了挤压成型的 Al-Mg-Si 合金的晶间腐蚀行为，发现晶间腐蚀都是由于晶界处偏析相的出现而导致的，采用人工时效处理使得微观组织结构更加均匀化，可降低晶间腐蚀的敏感度。Buchheit 等[61-63]研究发现在 3.5%NaCl 溶液中，AA2090 铝合金发生的腐蚀类型主要有两种，分别为点蚀和晶间腐蚀。点蚀形成的蚀孔附近，随着腐蚀的继续，晶界处逐渐被溶解完，各个区域的腐蚀不断连接，最后导致连续的晶间腐蚀。

Campestrini 等[64]研究发现 AA2024 铝合金内部存在圆形的金属间化合物颗粒，该颗粒的存在使得该合金的点蚀敏感性大大提高，同时也加大了剥蚀行为产生的概率。Liu[65]研究了 AA2025 铝合金的剥蚀敏感性，结果表明通过微量元素的添加，微观组织结构发生了变化，从而带来了对 AA2025 铝合金剥蚀行为的影响。Mc Naughtan[66]研究了 AA7075 铝合金的剥蚀行为与应力腐蚀开裂的关系，表明剥蚀速度与应力腐蚀开裂速度存在一定的正比关系。

1.3.4　镁合金

海洋大气环境中 Cl⁻ 能够严重破坏金属镁表面氧化膜的完整性，加速镁合金腐蚀。镁合金腐蚀速率将会随着溶液中 Cl⁻ 浓度的增加而提高，这是因为 Cl⁻ 渗透并破坏了具有一定保护作用的腐蚀产物膜。由于海水的蒸发，相对湿度较大，对镁合金的大气腐蚀破坏程度也较大。

Merino 等[67]发现在盐雾环境下，随着Cl⁻浓度的增加，AZ31、AZ80和AZ91D镁合金的腐蚀速率也在提高，这是因为较高氯化物浓度下表面氧化膜受破坏程度也在增大。Lebozec 等[68]研究表明AZ91D和AM50镁合金的大气腐蚀速率均与暴露表面NaCl的沉积量呈线性关系。此外，Jönsson 等[69]发现可溶性氯离子在AZ91D镁合金表面形成一层电解质溶液，从而促进了其溶解，造成了其耐腐蚀性能变差。同时，表面电解质层为存在于表面上的阳极和阴极提供了高导电性的介质，得到的腐蚀产物主要为碳酸镁。Liao 等[70]发现，海洋环境中AZ31B镁合金的腐蚀速率远高于城市地区，这归因于海洋环境中氯化物的含量和相对湿度较高。Cui 等[71]发现AZ31镁合金的腐蚀速率明显与海洋环境条件变化引起的氯化物沉积速率的变化有关。

1.3.5　钛合金

钛合金因具有强度高、耐腐蚀性好、耐热性好等优良的性能而被广泛用于各个领域。在海水及海洋大气中，特别是在深海开发中，应用构件的材料应具备比强度高、比韧性好、耐海水腐蚀的特性，因此钛及钛合金作为优秀的海洋结构材料，被誉为海洋装备的首选结构材料。

田月娥等[72]在酸性大气和海洋大气环境中对5大类合金，共48种金属材料进行了8～12年的大气暴露试验，结果显示钛合金基本无严重的腐蚀，在海洋大气环境下的腐蚀速率低于10^{-1}μm/a，但比酸性大气下的腐蚀速率大100倍左右，表明氯离子对钛合金具有显著的腐蚀危害。Shao 等[73]进行了TC4与马氏体不锈钢1Cr11Ni2W2MoV的盐雾试验对照评价，400h盐雾试验后，不锈钢表面完全被点蚀坑覆盖，失重为17.48g/m²，钛合金表面仍保持金属光泽，且没有明显的失重。舒畅等[74]通过TA15 4年的海洋平台户外大气暴露试验，研究了海洋大气环境对钛合金断裂韧度的影响。结果表明，经过户外暴露试验后，TA15的抗拉强度增加了7.3%，断后伸长率降低了23%，说明钛合金的塑性降低，但试样的断口形貌显示钛合金的断裂仍为韧性断裂。此外，钛合金的断裂韧度随着试验时间的增加小幅下降，试验4年后，TA15的断裂韧度平均值比原始值下降了10.4%。通过XPS（X射线电子能谱）分析，钛合金强度略增，塑性和断裂韧度下降与TA15表面氧化层扩散有关。朱玉琴等[75, 76]从腐蚀形貌和力学性能等方面对TC18和TA15在海洋大气中的腐蚀行为进行了相关研究，在海南万宁对TC18钛合金开展6年户外暴露试验，暴露2年后的TC18钛合金试样表面只是暗淡发黄，并无点蚀等明显的腐蚀现象。随着暴露时间的延长，抗拉强度和断后伸长率都有所下降，但幅度较小，其中暴露4年后，TC18钛合金断裂韧度平均值比原始值下降了6.7%。

钛合金在应用过程中将不可避免地与异种材料发生接触。在腐蚀介质中不同材料具有不同的电位。通常，钛合金具有较好的耐腐蚀性，这主要是由于钛合金与氧具有很高的亲和力，易与氧形成氧化膜，同时该膜具有很高的修复能力。但是由于钛的电位较高，在与铝、钢、铜等其他金属接触时，易形成电偶腐蚀，从而使铝、钢、铜的腐蚀速率明显提高，在短时间内即造成有效破坏。刘建华等[77]研究了钛合金与异种金属接触电偶腐蚀行为，通过对比钛合金与铝合金、高强度钢的电偶腐蚀行为差异，表明LY12铝合金、LC4铝合金、30CrMnSiA高强度钢均不能与TC2钛合金偶接，1Cr17Ni2高强度钢则可以与TC2钛合金偶接，且电偶电流密度随自腐蚀电位差增大而增大，反映出自腐蚀电位差对钛合金电偶腐蚀的影响。张晓云等[78]总结了不同牌号的钛合金与铝合金、钢、复合材料接触时产生电偶腐蚀的敏感性。钛合金与铝合金和结构钢接触时会产生不同程度的电偶腐蚀，必须进行防护处理方可使用；钛合金与不锈钢在常温下可直接接触使用，但在高温下，其电偶腐蚀行为可能发生变化；钛合金与碳纤维复合材料可直接接触使用。

1.3.6　铜及铜合金

在海洋大气环境中，铜及铜合金会生成蓝绿色腐蚀产物层，腐蚀产物主要为氯化物，并且比较疏松。氯化物主要以颗粒（如海盐）形式存在，然后溶入电解液中。户外试验发现，海洋大气中氯化物的沉积速率与降雨作用都可引起铜的腐蚀变化[79]，氯化物的沉积速率是铜腐蚀过程的重要因素，即便在远离海岸线的地区亦是如此[79-81]。而室内气氛中氯化物的沉积速率与不同温度下润湿作用以及含硫化合物等都可引起铜的腐蚀变化。除上述一些因素之外，季节的变化对于铜的腐蚀也有影响。

Cl^-对于铜合金的大气腐蚀影响很大，在海洋大气环境中更是如此[80, 82]，其影响作用随着气候的变化而变化。潮湿的气候对Cl^-有迅速冲刷的作用，从而减缓金属的腐蚀速率，因此雨季和旱季决定了金属不同的大气腐蚀速率。Cl^-引起的电化学腐蚀机制并不会随气候条件发生改变，但Cl^-在铜合金表面作用的时间和浓度会随着气候条件发生变化。海洋大气中，Cl^-由海盐粒子带来，Cl^-增加而H^+不增加，反应向生成$CuCl_2 \cdot 3Cu(OH)_2$的方向进行，$CuCl_2 \cdot 3Cu(OH)_2$为稳定的腐蚀产物。

目前对铜在大气环境中的腐蚀研究表明[83-85]：随着大气湿度的增加，氯离子浓度增大，铜表面形成绿棕色或蓝绿色腐蚀产物层的速率提高。在具有高浓度水溶性氯化物的大气环境中，初期形成的Cu_2O膜会在薄液膜中溶解产生铜离子，与氯离子反应形成$CuCl_2$，$CuCl_2$作为离子晶体，通过随后的溶解、离子配对和再沉积生成$Cu_2Cl(OH)_3$，因此海洋大气环境对铜的腐蚀具有显著的加速作用。

Skennerton等[86]研究了空气中Cl^-含量较高、相对SO_2浓度较低的海岛地区铜的腐蚀情况。研究表明，铜的表面腐蚀产物主要是氧化铜及碱式氯化铜，由于SO_2浓度较低，因此没有碱式硫酸铜生成。Corvo等[87]在研究降雨对由Cl^-引起的腐蚀速率变化的影响中发现，由Cl^-引起的钢和铜合金的大气腐蚀速率由降雨的机制决定。在氯化物沉积速率相同的情况下，降雨量大、降雨时间长的地区金属的腐蚀速率小，并且提出了氯化物沉积速率和雨水冲刷作用对腐蚀速率的交互影响模型，其与试验结果吻合良好。

1.3.7 ／ 锌及镀锌板

锌的腐蚀以溶解或者沉淀的方式进行，在锌的表面，会形成一层多孔疏松的腐蚀产物，这种腐蚀产物会使得镀锌板接下来的腐蚀有相对选择性，往往在孔隙率较大的区域进行腐蚀。锌的腐蚀过程与大气中的氧气、水蒸气、二氧化硫、二氧化碳、二氧化氮及氯离子的沉积等有着密切的关系[88]。吴海江等[89]对锌在大气中的腐蚀产物（白锈等）进行了分析，结果表明，腐蚀产物由ZnO、$Zn(OH)_2$、$ZnCO_3 \cdot 3Zn(OH)_2$和$ZnCl_2 \cdot 4Zn(OH)_2$组成。Nazarov等利用扫描Kelvin探针（SKP）研究了锌、碳钢和铝合金的大气腐蚀，在潮湿的空气中分别在三种金属上附着$NaCl$颗粒，用SKP测量了金属表面的电位分布。结果表明：锌和碳钢在$NaCl$颗粒周围形成阴极区，阴极反应是腐蚀过程的控制步骤；铝合金是在$NaCl$颗粒污染区形成阴极区，在其边缘区发生阳极溶解。Odnevall等[90]国外学者对锌的户外暴露试验进行了分析总结，研究表明，锌在大气中腐蚀后，腐蚀产物由稳定的氢氧化锌组成，其层结构由氯离子与水介质相互连接［$Zn_5Cl_2(OH)_8 \cdot H_2O$］。如果空气环境较为恶劣，即$SO_2$含量较多的大气环境下，将会有$Zn_4SO_4(OH)_6 \cdot 5H_2O$等稳定的腐蚀产物生成。其层结构由配位体、结晶水及硫酸根中的氧原子组成的氢键连接。Johansson等[91]通过室内模拟加速腐蚀试验方法研究了O_3、NO_2和CO_2等对锌的大气腐蚀行为的影响，结果表明，O_3和NO_2能够明显促进SO_2的氧化，从而加速锌在含SO_2环境中的腐蚀，而CO_2在试验前期促进锌的腐蚀，反应生成的碱式碳酸盐能为锌基体提供一定的保护作用，但并不能阻碍SO_2对锌的腐蚀作用。Qu等[92]研究发现，在25℃和相对湿度为80%的条件下，$(NH_4)_2SO_4$和Na_2SO_4均能加速锌的初期大气腐蚀过程。但由于加速腐蚀试验结果与现场暴露试验结果难以建立良好的数学关系，以及腐蚀机理与真实大气环境下可能具有较大差异，使得室内加速腐蚀试验与现场大气暴露试验的相关性研究效果不甚理想。研究表明[93]锌的大气腐蚀速率通常是碳钢腐蚀速率的1/10～1/5。锌腐蚀最严重的大气环境主要是工业大气、海洋污染大气，镀锌板的腐蚀源自锌的腐蚀，但却与纯锌的腐蚀有不同之处，其腐蚀由锌与基体共同决定。

镀锌板的腐蚀，首先是从表面的锌开始腐蚀，在腐蚀初期主要是受活化控制，此时，腐蚀快慢主要取决于阳极锌的溶解速率，当阳极出现钝化时，腐蚀速率会降低，但腐蚀依然进行。随着镀层的逐渐溶解，基体开始发生腐蚀，由于电偶极化作用的存在，腐蚀过程存在双相耦合行为，腐蚀会加剧，基体的腐蚀与只有镀层腐蚀时是两种不同的腐蚀行为。通过对镀锌板腐蚀产物及其腐蚀速率的分析，发现相对湿度、SO_2 和 Cl^- 是影响锌腐蚀的主要因素[94, 95]。

Neufeld 等[96]的研究表明,当环境介质中同时存在 NaCl、SO_2、NO_2 和 CO_2 时,镀锌板的腐蚀最为严重,因为这些气体与水混合后形成酸性溶液,具有一定的氧化性,将镀锌板等金属逐渐氧化,当镀锌层被腐蚀完后,基体就开始发生腐蚀,基体的腐蚀产物往往是羟基氯化锌。宁丽君等[97]的研究表明,镀锌板的腐蚀主要是由空气中水蒸气的影响来决定,在 Cl^- 存在的情况下,腐蚀过程将加速进行。因为在 Cl^- 的作用下,镀锌板将发生钝化,钝化层在 NaCl 溶液中的腐蚀分为三个阶段:钝化膜的溶解、镀锌层的阴极保护和钢基体的腐蚀。

1.3.8 镍基合金

镍基耐蚀合金包括 Ni-Cu 系、Ni-Cr 系、Ni-Mo 系、Ni-Cr-Mo 系等[98-104]。Ni-Cu 系耐腐蚀合金是最早发展的镍基耐蚀合金,Ni 和 Cu 可形成连续固体,Ni-Cu 系合金中以 Monel(蒙乃尔)合金最为典型,其 Cu 元素质量分数约为 30%,含有少量 Fe 或 Mn 或 Ti 或 Al,此类合金在苛刻的腐蚀环境中具有优良的耐腐蚀性,可在很宽的温度范围内保持高强度,焊接性能好,该合金广泛用于制作苛刻腐蚀环境中的受力部件。Ni-Cr 系耐蚀合金是一类成分复杂的多元合金,Inconel 合金是这类合金的典型代表,该类合金因加入了 15%~22% 的 Cr 而使镍具有在氧化条件下的耐腐蚀能力及在高温下的抗氧化能力,具有极好的耐腐蚀性。Ni-Mo 系合金具有很好的力学、工艺及耐腐蚀性能,其中添加的 Mo 对镍及镍基合金的强化作用高于 Cr,而且加 Mo 可以提高 Ni 在酸中,尤其是在还原性酸中的耐腐蚀能力,消除了局部腐蚀的倾向。耐腐蚀的 Ni-Mo 系合金一般含 26%~30%Mo,典型的 Ni-Mo 系合金是 Hastelloy 系合金(哈氏合金)。Hastelloy 系合金对盐酸、硫酸、磷酸及氢氟酸有良好的耐腐蚀性,但不耐硝酸腐蚀。Ni-Mo 系合金中以 Hastelloy B 和 Hastelloy B-2 耐盐酸腐蚀性能最好,Hastelloy C 具有良好的耐局部腐蚀性能。

Ni-Cr 系合金在氧化性介质中具有良好的耐腐蚀性,而 Ni-Cu、Ni-Mo 系合金在还原性介质中具有良好的耐腐蚀性。另外,在镍基体中同时加入 16%~22%Cr 及 9%~18%Mo 的 Ni-Cr-Mo 合金是在通常所知的各种海洋环境中最耐腐蚀的结构金属,在含有氯离子、湿氯和含氯气的水溶液中均具有较其他耐蚀合金优异的耐腐蚀性。李墨等[105]对五种不同 Cr 含量的镍铬合金的腐蚀行为进行了相关研究,当试样经过 120h 中性盐雾试验后,表明镍基合金抗盐雾腐蚀能力与 Cr 含量呈正相关。通过研究 Cl^- 浓度的影响,发现当 Cl^- 浓度较低时,会使部分钝化膜溶解,但钝化膜能自我修复,此时不发生腐蚀,当浓度增加时,钝化膜破损暴露出金属基体,随即发生点蚀,但当 Cl^- 浓度继续增加时,点蚀产生的腐蚀产物会阻碍 Cl^- 接触基体,降低腐蚀速率。魏爱玲等[106]研究了镍基合金 028 在高氯环境下的腐蚀行为,根据不同 Cl^- 浓度下的极化曲线发现镍基合金都有钝化行为,但随着 Cl^- 浓度增加,自腐蚀电位下降,自腐蚀电流增大,合金的腐蚀速率提高;由交流阻抗谱得知,随着 Cl^- 浓度增大,容抗弧半径减小，即腐蚀产物膜的保护性减弱。

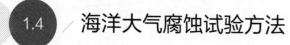

1.4 海洋大气腐蚀试验方法

1.4.1 户外暴露试验

    自然环境下的户外暴露试验一直是研究大气腐蚀最常用的试验方法，通过获得户外自然大气环境下的腐蚀特征与数据，研究材料腐蚀在不同环境下的主要影响因素和腐蚀规律，为材料在该环境下选择合适的防护措施提供依据，为制定室内加速腐蚀试验方法提供对比数据，并判定加速腐蚀试验方法的可行性。户外暴露试验的优点是能反映现场实际情况，所得的数据直观、可靠，可以获得户外自然环境下金属的腐蚀特征、腐蚀规律，可以用来评估试验环境下金属的使用寿命，为合理选材、有效设计和确定产品防护标准提供依据。但户外暴露试验的试验周期长、试验区域性强，而且试验结果是多种环境因素共同作用的反映，不利于试验结果的推广和应用。

    世界各工业发达国家早在20世纪初就开始对不锈钢材料在海洋大气环境下的自然环境腐蚀进行了研究。美国、英国、苏联等国家相继建立了自己的自然环境腐蚀试验场。我国在20世纪50年代开始建立自然环境大气腐蚀试验网站[107]、国家材料环境腐蚀平台，现在已经拥有青岛、舟山、厦门、万宁、三亚等国家级海洋大气环境腐蚀试验站，以及新建湛江、文昌、西沙等试验站点。通过完善的场地设施和先进的试验仪器，我国海洋大气腐蚀试验的研究达到国际先进水平。2006年我国开展了最大规模的新一轮材料投试工作，完成了黑色金属、有色金属、高分子材料、涂镀层材料、建材5大类（123种材料），共26428件试样投样和数据积累工作。2008年我国首次系统开展了典型材料在西沙海洋大气环境中4年的腐蚀数据积累和机理研究工作[9]。2016年在海南文昌建成我国首个滨海航天发射场大气环境腐蚀试验站，并开展了37种典型金属材料的试验工作，满足了航天材料和构件腐蚀评价，以及国家材料环境腐蚀平台试样投样、数据积累和基础研究的需求，将在航天发射任务中发挥重大的支撑作用。

    表1-4给出了我国主要海洋大气试验站的环境数据与腐蚀等级[3]。从表中可以看出，青岛大气环境具有较高的氯离子沉积速率，同时兼具高污染的特点，硫酸盐沉积速率高于其他各站2个数量级以上，其腐蚀等级为C5；西沙大气环境具有高温、高湿、高盐雾（氯离子沉积速率）的特点，但是污染程度很低，其腐蚀等级为C5；舟山大气环境虽然污染因素不及青岛大气环境，但是雨水的pH值显著低于其他海洋大气环境，表现出明显的酸雨特性，腐蚀等级为C3/C4。

表1-4　我国主要海洋大气试验站的环境数据与腐蚀等级

试验站	平均温度/℃	平均湿度/%	日照时数/h	降雨量/mm	降雨/pH	氯离子沉积速率/[mg/(100cm²·d)]	硫酸盐沉积速率/[mg/(100cm²·d)]	腐蚀等级
青岛	12.5	71	2078	643	6.10	0.250	1.184	C5
舟山	16.7	75	1366	1317	4.45	0.046	0.041	C3/C4
湛江	23.0	82	2038	1723	—	0.029	0.034	C4
文昌	23.9	87	1953	1721	—	0.115	0.272	C5
万宁	24.6	86	2154	1515	5.40	0.387	0.060	C4/C5
西沙	27.0	82	1526	1526	6.50	0.644	0.001	C5

1.4.2 / 试验要求

　　试验区位于文昌航天发射场内的大气腐蚀试验站，试验设施区域占地面积约10000m²，建成了包括试样暴露区设施、装备暴露区设施、棚下和库房、试验站环境数据采集系统、分析仪器及辅助设备等试验功能模块（图1-11～图1-13）。其

图1-11　文昌试验站暴露现场

图1-12　文昌试验站实验室

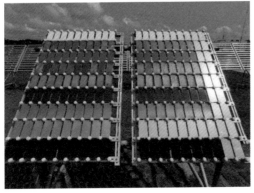

图1-13　文昌试验站大气暴露试样

中，试样暴露区布设了50余个试验架，可同时开展6000余件标准试样的暴露试验；装备暴露区建成了约48m²试验台，可开展构件及整机试验；环境数据采集系统建成了两套标准气象站和环境采集站；试验区建成了150m²试样处理、检测分析实验室；棚下和库房面积约100m²。

按照GB/T 14165—2008《金属和合金 大气腐蚀试验 现场试验的一般要求》进行大气暴露试验。暴露试样正面朝南，与地面成45°进行暴晒。将金属材料切割、铣边、打磨、打孔（编号）、除污、除油并干燥。每组4片平行试样，其中3片试样用于失重分析，1片试样用于观察材料的宏观、微观形貌并分析腐蚀产物。对试样原始重量分别进行称量，并记为G_0；利用游标卡尺测量每个试样的长、宽、高并分别记为a、b、c；利用相机拍摄记录试样的原始宏观形貌。测量、拍照结束之后，将试样固定在试验架上。暴露共分为4个周期，分别是6个月、12个月、24个月及48个月。

  试验条件

（1）材料种类　暴露试样种类见表1-5。

表1-5　暴露试样种类

材料种类	材料牌号	材料规格/mm	热处理状态	表面状态
低合金钢	Q235	轧制板材 150×75×3	—	表面磨光，粗糙度3.2μm
	Q450	轧制板材 150×75×3	—	表面磨光，粗糙度3.2μm
	Corten A	轧制板材 150×75×3	—	表面磨光，粗糙度3.2μm
不锈钢	201	轧制板材 150×75×3	—	表面磨光，粗糙度3.2μm
	430	轧制板材 150×75×3	—	表面磨光，粗糙度3.2μm
	431	轧制板材 150×75×3	—	表面磨光，粗糙度3.2μm
	304	轧制板材 150×75×3	—	表面磨光，粗糙度3.2μm
	316L	轧制板材 150×75×3	—	表面磨光，粗糙度3.2μm
	2205	轧制板材 150×75×3	—	表面磨光，粗糙度3.2μm
铝合金	1050A	轧制板材 150×75×3	O	表面磨光，粗糙度3.2μm
	1060	轧制板材 150×75×3	H24	表面磨光，粗糙度3.2μm
	2A12	轧制板材 150×75×3	T4	① 表面磨光，粗糙度3.2μm ② 硫酸阳极氧化
	5A02	轧制板材 150×75×3	O	表面磨光，粗糙度3.2μm
	5083	轧制板材 150×75×3	H111	表面磨光，粗糙度3.2μm
	5083	轧制板材 150×75×3	H116	表面磨光，粗糙度3.2μm
	6061	轧制板材 150×75×3	T6	① 表面磨光，粗糙度3.2μm ② 硫酸阳极氧化

续表

材料种类	材料牌号	材料规格/mm	热处理状态	表面状态
铝合金	6063	轧制板材 150×75×3	T6	表面磨光，粗糙度3.2μm
	6082	轧制板材 150×75×3	T6	表面磨光，粗糙度3.2μm
	7A04	轧制板材 150×75×3	T6	表面磨光，粗糙度3.2μm
	7050	轧制板材 150×75×3	T6	① 表面磨光，粗糙度3.2μm ② 硫酸阳极氧化
镁合金	AZ31	轧制板材 150×75×3	—	表面磨光，粗糙度3.2μm
钛合金	TA2	轧制板材 150×75×3	—	表面磨光，粗糙度3.2μm
蒙乃尔合金	Monel 400	轧制板材 150×75×3	—	表面磨光，粗糙度3.2μm
	Monel K500	轧制板材 150×75×3	—	表面磨光，粗糙度3.2μm
铜合金	T2	轧制板材 150×75×4	—	表面磨光，粗糙度3.2μm
	H62	轧制板材 150×75×4	—	表面磨光，粗糙度3.2μm
	QSn6.5-0.1	轧制板材 150×75×4	—	表面磨光，粗糙度3.2μm
	QBe2	轧制板材 150×75×4	—	表面磨光，粗糙度3.2μm
	B30	轧制板材 150×75×4	—	表面磨光，粗糙度3.2μm
高纯锌	Zn-05	轧制板材 150×75×3	—	表面磨光，粗糙度3.2μm

（2）失重分析　将暴露不同周期的试样取回后，按照GB/T 16545—2015《金属和合金的腐蚀 腐蚀试样上腐蚀产物的清除》中的相关规定进行表面腐蚀产物的去除。完成后经去离子水冲洗并由冷风吹干，利用分析天平进行称重，并记录除锈后的重量G_1。利用下式对失重进行计算：

$$W = \frac{G_0 - G_1}{2(a \times b + b \times c + a \times c)} \tag{1-1}$$

式中，W为失重量，g/m²；G_0为试样原始重量，g；G_1为试样除锈后重量，g；a、b、c分别为试样长度、宽度、厚度，m。

（3）腐蚀形貌观察　将暴露不同周期的试样取回后，首先利用数码相机（Nikon D200）对其正反面的宏观腐蚀形貌进行观察，并按照国家材料环境腐蚀平台相关标准进行拍照记录。之后利用FEI Quanta250型扫描电子显微镜观察腐蚀产物的微观形貌，并使用DEAX型能谱仪（EDS）进行能谱分析。将去除腐蚀产物后的试样置于Keyence VK-200型3D激光共聚焦显微镜下进行形貌观察。

（4）腐蚀产物分析　对暴露不同周期的试样表面的腐蚀产物进行X射线衍射（XRD）分析。试验所用的X射线衍射仪型号为Rigaku型，利用它进行物相分析，选用的辐射源为Cu-Kα射线，工作电流和工作电压分别为200mA和40kV，扫描角度选取为10°～90°，扫描速度为4(°)/min。

参考文献

[1] 李晓刚. 材料腐蚀与防护概论 [M]. 北京：机械工业出版社，2017.

[2] 李晓刚，董超芳，肖葵，等. 金属大气腐蚀初期行为与机理 [M]. 北京：科学出版社，2009.

[3] 李晓刚. 海洋工程材料腐蚀行为与机理 [M]. 北京：化学工业出版社，2016.

[4] 黄永昌，张建旗. 现代材料腐蚀与防护 [M]. 上海：上海交通大学出版社，2012.

[5] 田月娥，金蕾，汪学华. 我国大气腐蚀试验站气象因素变化规律 [J]. 腐蚀科学与防护技术，1995，7（3）：196-199.

[6] 裴和中，雍岐龙，金蕾. 金属材料大气腐蚀与环境因素的灰色关联分析 [J]. 钢铁研究学报，1999，11（4）：53-56.

[7] Corvo F，Minotas J，Delgado J，et al. Changes in atmospheric corrosion rate caused by chloride ions depending on rain regime[J]. Corrosion Science，2005，47（4）：883-892.

[8] 屈祖玉，董玉兰，李长荣，等. 大气环境腐蚀性因素的相关性 [J]. 北京科技大学学报，1999，21（6）：552-555.

[9] 李晓刚，董超芳，肖葵，等. 西沙海洋大气环境下典型材料腐蚀/老化行为与机理 [M]. 北京：科学出版社，2014.

[10] 徐乃欣，赵灵源，丁翠红，等. 研究大气腐蚀金属表面结露行为的新技术 [J]. 中国腐蚀与防护学报，2001，21（5）：301-305.

[11] Tsuru T，Tamiya K I，Nishikata A. Formation and growth of micro-droplets during the initial stage of atmospheric corrosion[J]. Electrochimica Acta，2004，49（17-18）：2709-2715.

[12] 叶堤，赵大为，陈刚才，等. 非海洋地区大气污染对金属材料的腐蚀影响研究 [J]. 装备环境工程，2006，3（1）：37-41.

[13] Schmidt D P，Shaw B A，Sikora E，et al. Corrosion protection assessment of sacrificial coating systems as a function of exposure time in a marine environment[J]. Progress in Organic Coatings，2006，57（4）：352-364.

[14] 屈庆，严川伟，张蕾，等. NaCl和SO_2在A3钢初期大气腐蚀中的协同效应 [J]. 金属学报，2002，38（10）：1062-1066.

[15] Qu Q，Li L，Bai W, et al. Effects of NaCl and NH_4Cl on the initial atmospheric corrosion of zinc [J]. Corrosion Science，2002，47（11）：2832-2840.

[16] Qu Q，Yan C，Wan Y，et al. Effects of NaCl and SO_2 on the initial atmospheric corrosion of zinc[J]. Corrosion Science，2002，44（11）：2789-2803.

[17] 万晖，严川伟，曹楚南，等. 微量SO_2条件下硫酸铵颗粒沉积对A3钢大气腐蚀的影响 [J]. 材料工程，2003，20（3）：11-13.

[18] 王凤平，张学元，雷良才，等. 二氧化碳在A3钢大气腐蚀中的作用 [J]. 金属学报，2000，36（1）：55-58.

[19] Wang F，Zhang X，Du Y. Effect of CO_2 on atmospheric corrosion of UNS G10190 steel under thin electrolyte film[J]. Chemical Research in Chinese Universities，2000，16（1）：36-41.

[20] 王凤平. 大气CO_2浓度升高对金属大气腐蚀的影响 [D]. 沈阳：中国科学院金属研究所，2000.

[21] Samie F，Tidblad J，Kucera V，et al. Atmospheric corrosion effects of HNO_3-method development and results on laboratory-exposed copper[J]. Atmospheric Environment，2005，39（38）：7362-7373.

[22] Arroyave C，Morcillo M. The effect of nitrogen oxides in atmospheric corrosion of metals[J]. Corrosion Science，1995，37（2）：293-305.

[23] Morcillo M，Chico B，Mariaca L，et al. Salinity in marine atmospheric corrosion：It's dependence on the wind regime existing in the site[J]. Corrosion Science，2000，42（1）：91-104.

[24] Corvo F，Betancourt N，Mendoza A，et al. The influence of airborne salinity on the atmospheric corrosion of steel[J]. Corrosion Science，1995，37（12）：1889-1995.

[25] 屈庆，严川伟，白玮，等. NaCl在A3钢大气腐蚀中的作用[J]. 中国腐蚀与防护学报，2003，23（3）：160-163.

[26] Corvo F，Haces C，Betancourt N，et al. Atmospheric corrosivity in the caribbean area[J]. Corrosion Science，1997，39（5）：823-833.

[27] Almeida E，Morcillo M，Rosales B. Atmospheric corrosion of zinc steel. Part II -Marine atmospheres[J]. Materials and Corrosion，2000，51：865-874.

[28] Dehri I，Erbil M. The effeet of relative humidity on the atmospheric corrosion of defective organic coating materials：an EIS study with a new approach[J]. Corrosion Science，2000，42（9）：969.

[29] 朱红嫚，郑弃非，谢水生，等. 万宁地区铝及铝合金不同距海点的大气腐蚀研究[J]. 稀有金属，2002，26（6）：456-459.

[30] Askey A，Lyon S B，Thompson G E，et al. The effect of fly-ash particulates on the atmospheric corrosion of zinc and mild steel[J]. Corrosion Science，1993，34（7）：1055-1081.

[31] 邹美平，郦希，钟庆东，等. 表面污染物对冷轧低碳钢板耐大气腐蚀性能的影响[J]. 腐蚀与防护，2002，23（5）：196-198.

[32] Itoh J，Sasaki T，Ohtsuka T. The influence of oxide layers on initial corrosion behavior of copper in air containing water vapor and sulfur dioxide[J]. Corrosion Science，2000，42（9）：1539-1551.

[33] 亓云飞，董彩常，杨万国. 碳钢、低合金钢材料在我国海洋环境中的腐蚀数据[J]. 全面腐蚀控制，2017，31（01）：24-29.

[34] 丁元法，范钜琛. 低合金钢在海洋环境中的腐蚀规律[J]. 钢铁，1992（11）：33-36，23.

[35] 谷美邦. 海洋环境下低合金钢腐蚀行为研究[J]. 材料开发与应用，2012，27（01）：40-42.

[36] 李少坡，郭佳，杨善武，等. 碳含量和组织类型对低合金钢耐蚀性能的影响[J]. 北京科技学报，2008，30（1）：16-20.

[37] 曹楚南. 中国材料的自然环境腐蚀[M]. 北京：化学工业出版社，2005.

[38] Masuda H. Effect of magnesium chloride liquid thickness on atmospheric corrosion of pure iron[J]. Corrosion，2001，57（2）：99-109.

[39] 王建军，郭小丹，郑文龙，等. 海洋大气暴露3年的碳钢与耐候钢表面锈层分析[J]. 腐蚀与防护. 2002，23（7）：288-291.

[40] 王成章，汪学华，秦晓洲. 碳钢及低合金钢在重庆和万宁地区大气腐蚀规律研究[J]. 装备环境工程，2006，3（2）：23-28.

[41] Okada H，Hosoi Y，Yukawa K I，et al. Structure of the rust formed on low alloy steels in atmospheric corrosion[J]. Tetsu-to-Hagane，1969，55：355-359.

[42] Yamashita M，Miyuki H，Matsuda Y，et al. The long term growth of the protective rust layer formed on weathering steel by atmospheric corrosion during a quarter of a century[J]. Corrosion Science，1994，36（2）：283-299.

[43] Kain R M，Phull B S，Pikul S J. 1940' til now-long term marine atmospheric corrosion resistance of stainless steel and othernickel containing alloys[A]. Townsent H E，Symposium outdoor atmospheric corrosion[C]，ASTM STP 1421. Philadelphia：ASTM，2002：343.

[44] 董超芳，骆鸿，肖葵，等. 316L不锈钢在西沙海洋大气环境下的腐蚀行为评估[J]. 四川大学学报（工程科学版），2013，35（3）：332-338.

[45] 骆鸿，李晓刚，肖葵，等. 304不锈钢在西沙海洋大气环境中的腐蚀行为[J]. 北京科技大学学报，2013，35（3）：332-338.

[46] Degerbeck J，Karlsson A，Berglund G. Atmospheric corrosion of stainless steel of type 18Cr-2Mo-Ti[J]. British Corrosion Journal，1979，14（4）：220-222.

[47] Asami K，Hashimoto K. Importance of initial surface film in the degradation of stainless steels by atmospheric exposure[J]. Corrosion Science，2003，45（10）：2263-2283.

[48] Schino A D I，Kenney J M. Effect of grain size on the corrosion resistance of a high nitrogen-low nikel austenitic stainless steel[J]. Journal of Materials Science Letters，2002，（21）：1969 -1971.

[49] 岳睿，潘祖军，李艳. 不锈钢的腐蚀分析[J]. 金属世界，2006（3）：28-29.

[50] Scully J C，Powell D T. The Stress corrosion cracking mechanism of α-titanium alloys at room temperature[J]. Corrosion Science，1970，10（10）：719-733.

[51] Lee W J，Pyun S I. Effects of sulphate ion additives on the pitting corrosion of pure aluminium in 0. 01 M NaCl solution[J]. Electrochimica Acta，2000，45（12）：1901-1910.

[52] Punckt C，Bölscher M，Rotermund H H，et al. Sudden onset of pitting corrosion on stainless steel as a critical phenomenon[J]. Science，2004，305（5687）：1133-1136.

[53] 郑弃非，孙霜青，温军国. 铝及铝合金在我的大气腐蚀及其影响因素分析[J]. 腐蚀与防护，2009，30（6）：359-419.

[54] Munier G B，Psota-Kelty L A，Sinclair J D. Atmospheric Corrosion[M]. New York：Wiley Interscience，1982：275-283.

[55] Li T，Li X，Dong C，et al. Characterization of atmospheric corrosion of 2A12 aluminum alloy in tropical marine environment[J]. Journal of Materials Engineering and Performance，2010，19（4）：591-598.

[56] Guillaumin V，Mankowski G. Localized corrosion of 6056 T6 aluminium alloy in chloride Media[J]. Corrosion Science，2000，42（1）：105-125.

[57] Buzza D W，Alkire R C. Growth of corrosion pits on pure aluminum in 1M NaCl[J]. Journal of the Electrochemical Society，1995，142（4）：1104-1111.

[58] Rajasankar J，Iyer，Nagesh R. A probability-based model for growth of corrosion pits in aluminium alloys[J]. Engineering Fracture Mechanics，2006，73（5）：553-570.

[59] Minoda T，Yoshida H. The effect of microstructure on intergranular corrosion resistance of 6061 alloys extrusion[J]. Materials Science Forum，2000，331-337（3）：1689-1694.

[60] Svenningsen G，Larsen M H，Walmsley J C，et al. Effect of artificial aging on intergranular corrosion of extruded AlMgSi alloy with small Cu content[J]. Corrosion Science，2006，48（6）：1528-1543.

[61] Buchheit R G，Moran J P，Stoner G E. Electrochemical behavior of the T1（Al2CuLi）intermetallic compound and its role in localized corrosion of Al-2%Li-3%Cu alloys[J]. Corrosion，1994，50（2）：120-130.

[62] Buchheit R G，Wall F D，Stoner G E，et al. An anodic dissolution-based mechanism for the rapid cracking，pre-exposure phenomenon demonstrated by aluminum-lithium-copper alloys[J]. Corrosion，1995，51（6）：417-428.

[63] Buchheit R G，Moran J P，Stoner G E. Localized corrosion behavior of alloy 2090-the role of microstructural heterogeneity[J]. Corrosion，1990，46（8）：610-617.

[64] Campestrini P，Van Westing E P M，Van Rooijen H W，et al. Relation between microstructural aspects of AA2024 and its corrosion behaviour investigated using AFM scanning potential technique[J]. Corrosion Science，2000，42（11）：1853-1861.

[65] Liu T Y，Robinson J S，McCarthy M A. The influence of hot deformation on the exfoliation corrosion behavior of aluminium alloy 2025[J]. Journal of Materials Processing Technology，2004，154（10）：185-192.

[66] McNaughtan D，Worsfold M，Robinson M J. Corrosion product force measurements in the study of exfoliation and stress corrosion cracking in high strength aluminium alloys[J]. Corrosion Science，2003，45（10）：2377-2389.

[67] Merino M C，Pardo A，Arrabal R，et al. Influence of chloride ion concentration and temperature on the corrosion of Mg-Al alloys in salt fog[J]. Corrosion Science，2010，52（5）：1696-1704.

[68] Lebozec N，Jonsson M，Thierry D. Atmospheric Corrosion of Magnesium Alloys：Influence of Temperature，Relative Humidity，and Chloride Deposition[J]. Corrosion，2004，60（4）：356-361.

[69] Jönsson M，Persson D，Thierry D. Corrosion product formation during NaCl induced atmospheric corrosion of magnesium alloy AZ91D[J]. Corrosion Science，2007，49（3）：1540-1558.

[70] Liao J，Hotta M，Motoda S I，et al. Atmospheric corrosion of two field-exposed AZ31B magnesium alloys with different grain size[J]. Corrosion Science，2013，71：53-61.

[71] Cui Z，Li X，Xiao K，et al. Atmospheric corrosion of field-exposed AZ31 magnesium in a tropical marine environment[J]. Corrosion Science，2013，76：243-256.

[72] 田月娥，牟献良，汪学华. 金属材料在酸性和海洋环境下的大气腐蚀规律[C]// 首届中美材料环境腐蚀与老化试验学术研讨会，北京，2001.

[73] Shao S，Xi H，Chang Y. Study on the salt spray corrosion and erosion behavior of TC4 titanium alloy[J]. Advanced Materials Research，2011，233-235：2409-2412.

[74] 舒畅，张帷，苏艳，等. 海洋大气环境对钛合金TA15断裂韧度的影响[J]. 表面技术，2012，41（06）：54-57.

[75] 朱玉琴，苏艳，舒畅，等. 海洋大气对TA15钛合金应力腐蚀影响研究[J]. 装备环境工程，2012，9（02）：85-88.

[76] 朱玉琴，苏艳，舒畅，等. TC18钛合金在海洋大气环境中的腐蚀行为研究[J]. 装备环境工程，2018，15（03）：35-38.

[77] 刘建华，吴昊，李松梅，等. 高强合金与钛合金的电偶腐蚀行为[J]. 北京航空航天大学学报. 2003，29（02）：124-127.

[78] 张晓云，汤智慧，孙志华，等. 钛合金的电偶腐蚀与防护[J]. 材料工程，2010，11：74-78.

[79] Santana Rodríguez J J，Santana Hernández F J，González González J E. The effect of environmental and meteorological variables on atmospheric corrosion of carbon steel，copper，zinc and aluminium in a limited geographic zone with different types of environment[J]. Corrosion Science，2003，45（4）：799-815.

[80] Sandberg J，Wallinder I O，et al. Corrosion-induced copper runoff from naturally and pre-patinated copper in a marine environment[J]. Corrosion Science，2006，48（12）：4316-4338.

[81] Rodríguez J J S，Hernández F J S，González J E G. The effect of environmental and meteorological variables on atmospheric corrosion of carbon steel，copper，zinc and aluminium in a limited geographic zone with different types of environment[J]. Corrosion Science，2003，4（45）：799-815.

[82] 黄桂桥. 铜合金在海洋飞溅区的腐蚀[J]. 中国腐蚀与防护学报，2005，25（2）：65-68.

[83] Mendoza A R，Corvo F，Gomez A，et al. Influence of the corrosion products of copper on its atmospheric corrosion kinetics in tropical climate[J]. Corrosion Science，2004，46（5）：1189-1200.

[84] Fonseca I T E，Picciochi R，Mendonca M H，et al. The atmospheric corrosion of copper at two sites in Portugal：a comparative study[J]. Corrosion Science，2004，46（12）：547-561.

[85] Watanabe M，Hokazono A，Handa T，et al. Corrosion of copper and silver plates by volcanic gases[J]. Corrosion Science，2006，48（11）：3759-3766.

[86] Skennerton G，Nairn J，Atrens A. Atmospheric corrosion of copper at Heron Island[J]，Materials Leters，1997，30（5）：141-146.

[87] Corvo F，Minotas J，et al. Changes in atmospheric corrosion rate caused by chloride ions depending on rain regime[J]. Corrosion Science，2005，47（4）：883-892.

[88] Li S，Gao B，Tu G ，Yi H，et al. Study on the corrosion mechanism of Zn-5Al-0. 5Mg-0. 08Si coating[J]. Journal of Metallurgy，2011：1-5.

[89] 吴海江、陈锦虹、卢锦堂. 镀锌层无铬钝化耐蚀机理的研究进展[J]. 材料保护，2004，37（3）：43-45.

[90] Odnevall I，Leygraf C. The formation of $Zn_4Cl_2（OH）_4SO_4 \cdot 5H_2O$ in a urban and an industrial atmosphere[J]. Corrosion Science，1994，36（9）：1551-1567.

[91] Svensson J E，Johansson L G. A laboratory study of the initial stages of the atmospheric corrosion of zinc in the presence of NaCl：influence of SO_2 and NO_2[J]. Corrosion Science，1993，34（5）：721-740.

[92] Qu Q，Li L，Bai W，et al. Initial atmospheric corrosion of zinc in presence of Na_2SO_4 and $（NH_4）_2SO_4$[J]. Transactions of Nonferrous Metals Society of China，2006，16（4）：887-891.

[93] 章小鸽. 锌和锌合金的腐蚀（一）[J]. 腐蚀与防护，2006，1：41-50.

[94] Coburn S，Larrabee C，Lawson H，et al. Corrosiveness of various atmospheric test sites as measured by specimens of steel and zinc[A]. Metal Corrosion in the Atmosphere，STP 435[C]. ASTM，1968，360-391.

[95] Fernandes M，Cheung N，Garcia A. Investigation of nonmetallic inclusions in continuously cast carbon steel by dissolution of the ferritic matrix[J]. Materials Characterization，2002，48：255-261.

[96] Neufeld A K，Cole I S，Bond A M，et al. The initiation mechanism of corrosion of zinc by sodium chloride particle deposition[J]. Corrosion Science，2002，44（6）：555-572.

[97] 宁丽君、杜爱玲、许立坤，等. 镀锌层在NaCl溶液中的腐蚀行为研究[J]. 腐蚀科学与防护技术，2012，04：291-295.

[98] 黄建中、左禹. 材料的耐蚀性和腐蚀数据[M]. 北京：化学工业出版社，2003.

[99] 黄嘉琥、吴剑. 耐腐蚀铸锻材料应用手册[M]. 北京：机械工业出版社，1991.

[100] 张承忠. 金属腐蚀与保护[M]. 北京：冶金工业出版社，1988.

[101] 王丹丹、李溪滨、刘如铁，等. 镍基耐海水腐蚀材料的研究概况[J]. 金属材料与冶金工程，2004，32（1）：9-13.

[102] 邢卓. Hastelloy C系列合金综述[J]. 化工设备与管道，2007，44（2）：51-58.

[103] 舒马赫. 海水腐蚀手册[M]. 北京：国防工业出版社，1985.

[104] Hibner E L，Shoemaker L E. High strength corrosion resistant alloy 686 for seawater fastener service[J]. Conference on Corrosion，2001，40（1）：60-63.

[105] 李墨. 不同Cr含量的Ni基合金腐蚀行为[D]. 沈阳：沈阳工业大学，2009.

[106] 魏爱玲. 镍基合金028材料在高含氯离子环境中的抗腐蚀性能[D]. 西安：西安石油大学，2011.

[107] 王光雍、舒启茂. 材料在大气、海水、土壤环境中腐蚀数据积累及腐蚀与防护研究的意义与进展[J]. 中国科学基金，1992，6（1）：40-44.

第2章

文昌海洋大气环境
低合金钢的腐蚀行为

2.1 Q235钢

2.1.1 概述

Q235钢是一种碳钢。其由于含碳适中，综合性能较好，强度、塑性和焊接等性能得到较好配合，同时因造价低，被桥梁和建筑领域广泛应用[1]。由于它的使用范围广泛，经常被用来作为参照组，它的典型性常被用来评估环境与设定标准[2]。

近年对于Q235钢的户外大气腐蚀的研究较为充分。郝献超等[3, 4]在西沙群岛高温、高湿的海洋大气环境中对Q235钢进行了3个月的暴露试验，研究了Q235钢在西沙大气环境中暴露的锈层特征，Q235钢暴露1个月后迅速形成较厚的锈层，锈层疏松多孔，多裂纹，对基体没有保护作用，由于Cl⁻的侵蚀作用，锈层和基体之间发生氧化还原反应，加速了基体的腐蚀；当暴露3个月时，锈层却明显减薄，疏松锈层的内部电解液蒸发加剧，内层还原后的锈层重新被氧化。王力等[5, 6]在吐鲁番干热大气环境中对Q235钢进行了4年暴露试验，Q235钢表面有较为明显的锈层，4年平均腐蚀速率为14g/(m² · a)，腐蚀产物主要由α-FeOOH、γ-FeOOH和Fe_2O_3 · H_2O组成，钢中γ-FeOOH与α-FeOOH含量的比值较高，表面腐蚀产物疏松，黏附力较差，导致腐蚀产物易开裂、脱落，对基体失去保护作用。王旭等[1]采用周浸加速试验模拟了Q235钢在我国青岛、万宁两种污染海洋大气环境中的腐蚀行为，并与室外暴露试验进行了相关性研究，模拟结果与实际污染海洋大气环境暴露试验结果相关性较好。结合灰色关联度法建立了Q235钢在两种污染海洋大气环境下的腐蚀寿命预测模型：($T_{QD}=137.002t^{1.093}$，$T_{WN}=102.398t^{0.952}$)。王发仓等[7]将Q235钢暴露于马尔代夫马累岛海边，通过半年的户外暴露研究了Q235钢在热带岛屿大气环境中的腐蚀行为。经过半年的腐蚀暴露，Q235钢腐蚀速率达到0.1870mm/a，远高于国内大多数海洋大气中碳钢的腐蚀速率；Q235钢表面锈层结构较差，表面粗糙度大，且锈层横截面裂纹和孔洞较多。刘凯吉等[8]研究了Q235钢在黄河三门峡水库中长期暴露的腐蚀结果和腐蚀行为，Q235钢暴露1年的平均腐蚀速率为0.050mm/a。Q235钢和低合金钢在黄河三门峡水库中的腐蚀行为基本相同，它们在第1年的腐蚀速率较高，之后腐蚀速率略有降低。李文翰等[9]研究了Q235钢在广西工业环境与沿海地区的早期大气腐蚀特征，研究发现，大气中高SO_2浓度对其腐蚀起促进作用；Cl^-促进β-FeOOH的生成，但硫酸盐对其生成存在抑制作用。田倩倩等[10]研究了Q235钢在四川典型大气污染环境中的腐蚀行为，结果表明，不同大气环境对其腐蚀影响由重到轻依次为陶瓷工业环境、化工工业环境、城市环境，腐蚀产物越致密颜色越深，尖锐程度越突出，Q235钢的锈层不具有保护作用，反而会加快基体的腐蚀。

化学成分与力学性能

（1）化学成分　GB/T 700—2006规定的化学成分见表2-1。

表2-1　化学成分

牌号	等级	脱氧方法	化学成分(质量分数)/%，不大于				
			C	Si	Mn	P	S
Q235	A	F、Z	0.22	0.35	1.40	0.045	0.050
	B	F、Z	0.20				0.045
	C	Z	0.17			0.040	0.040
	D	TZ	0.17			0.035	0.035

（2）力学性能　力学性能见表2-2。

表2-2　力学性能

等级	屈服强度 R_{eH}/MPa						抗拉强度 R_m/MPa	断后伸长率 A/%					冲击试验(V型)	
	厚度(或直径)/mm							厚度(或直径)/mm					温度/℃	冲击吸收功/J
	≤16	16~40	40~60	60~100	100~150	150~200		≤40	40~60	60~100	100~150	150~200		
A	235	225	215	215	195	185	370~500	26	25	24	22	21	—	—
B													+20	27
C													0	
D													−20	

2.1.3 / 腐蚀速率

腐蚀速率计算按照标准GB/T 19292.4—2018《金属和合金的腐蚀 大气腐蚀性 第4部分：用于评估腐蚀性的标准试样的腐蚀速率的测定》进行，通过失重法得到腐蚀失重和腐蚀失厚（表2-3）。

表2-3　Q235钢在文昌户外暴露腐蚀失重和腐蚀失厚

品种	试验方式	暴露时间							
		0.5年		1年		2年		4年	
		腐蚀失重/(g/m²)	腐蚀失厚/mm	腐蚀失重/(g/m²)	腐蚀失厚/mm	腐蚀失重/(g/m²)	腐蚀失厚/mm	腐蚀失重/(g/m²)	腐蚀失厚/mm
轧制板材	文昌户外	295.98	0.037	499.59	0.063	1276.23	0.159	3875.18	0.485

对试验数据进行分析，失重与时间的数据符合式（2-1）幂函数规则：

$$D = At^n \qquad (2\text{-}1)$$

式中，D 为材料的重量损失，g/m²；t 为暴露时间，月；A 和 n 为常数。A 值越大，钢的初始腐蚀速率越高。n 反映了锈层的物理化学性质及其与大气环境的相互作用。n 值越小，锈层的保护作用越强。对其进行幂函数拟合（表2-4），R^2 是幂函数拟合相关系数。

表2-4　幂函数拟合曲线相关参数

参数	A	n	R^2
值	10.731	1.52	0.9971

图2-1和图2-2所示分别为Q235钢在文昌户外暴露4年内的腐蚀失重拟合曲线、

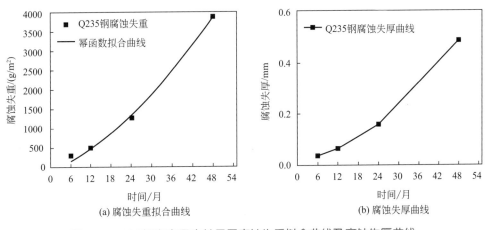

(a) 腐蚀失重拟合曲线　　　　　　(b) 腐蚀失厚曲线

图2-1　Q235钢在文昌户外暴露腐蚀失重拟合曲线及腐蚀失厚曲线

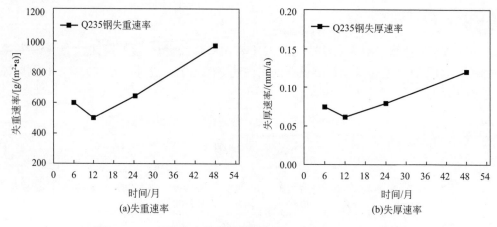

图2-2　Q235钢在文昌户外暴露不同时间腐蚀速率变化曲线

腐蚀失厚曲线和腐蚀速率变化曲线。在第48个月时，Q235钢的失重达到3875.18g/m²。Q235钢在文昌户外暴露12个月失重速率和失厚速率分别为499.59g/（m²·a）和0.063mm/a（表2-5）。从Q235钢在暴露过程中腐蚀速率随时间的变化曲线可以看出，随着时间推移，腐蚀速率呈先下降后上升趋势。对其大气腐蚀失重进行幂函数拟合，得其拟合函数方程$D=10.731t^{1.52}$，拟合方程相关系数为0.9971。n值大于1，表明腐蚀是逐渐严重的过程。其锈层对Q235钢没有明显的保护性。

表2-5　Q235钢在文昌户外暴露不同时间腐蚀速率

品种	试验方式	暴露时间							
		0.5年		1年		2年		4年	
		失重速率/[g/(m²·a)]	失厚速率/(mm/a)	失重速率/[g/(m²·a)]	失厚速率/(mm/a)	失重速率/[g/(m²·a)]	失厚速率/(mm/a)	失重速率/[g/(m²·a)]	失厚速率/(mm/a)
轧制板材	文昌户外	591.96	0.074	499.59	0.063	638.12	0.080	968.80	0.121

2.1.4　腐蚀形貌

图2-3所示为Q235钢在文昌户外暴露6、12、24、48个月后的表面宏观腐蚀形貌。从图中可知，随着暴露时间延长，试样表面的腐蚀产物累积严重，在24个月后试样表面存在孔洞，在48个月后试样边界已被腐蚀。

图2-4所示为Q235钢在暴露24个月和48个月后去除腐蚀产物后的蚀坑深度腐蚀形貌。从图2-4可以看出，Q235钢虽然是均匀腐蚀状态，但腐蚀深度有所差异，较深区域腐蚀凹坑的形成可能是Q235钢表面的夹杂物脱落导致的。随着时间的延长，

凹坑的直径有所增大，暴露48个月时，凹坑逐渐连点成面，腐蚀深度趋向均匀。

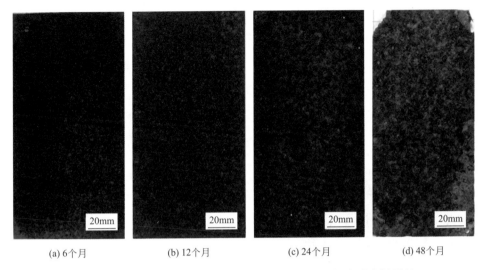

(a) 6个月　　　　(b) 12个月　　　　(c) 24个月　　　　(d) 48个月

图 2-3　Q235钢在文昌户外暴露不同时间后Q235钢宏观腐蚀形貌

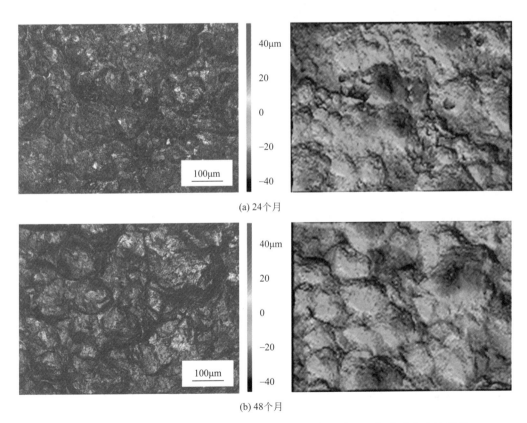

(a) 24个月

(b) 48个月

图 2-4　Q235钢在文昌户外暴露不同时间后去除腐蚀产物的蚀坑深度腐蚀形貌

2.1.5 / 腐蚀产物

图2-5所示为Q235钢在文昌户外暴露24个月和48个月后的表面微观形貌和能谱结果。从图2-5可看出，其表面腐蚀产物主要由Fe、O、Cl元素组成，主要物质为铁的氧化物。经过24个月暴露后，试样表面出现大块片状的腐蚀产物，底层腐蚀产物呈针状；而暴露48个月后，表面片层腐蚀产物脱落消失，表面被大量团簇状腐蚀产物包围，且表面腐蚀产物存在裂纹，该状态的腐蚀产物对基体保护作用较差。

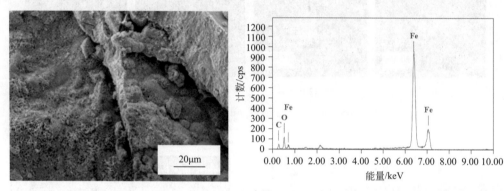

(a) 24个月

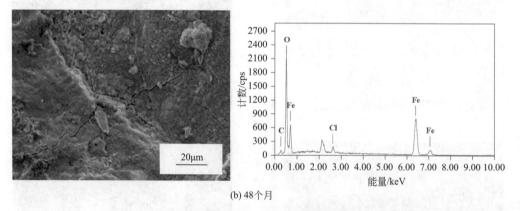

(b) 48个月

图2-5 Q235钢在文昌户外暴露不同时间后的腐蚀产物微观形貌和能谱结果

图2-6所示为Q235钢在文昌户外分别暴露24和48个月后的表面腐蚀产物的XRD测试分析结果。从峰的位置来看，Q235钢暴露24个月后表面产物主要为稳定性较差的γ-FeOOH；当暴露48个月后，Q235钢腐蚀产物出现了氯离子环境典型的腐蚀产物β-FeOOH，并含有少量Fe_3O_4。

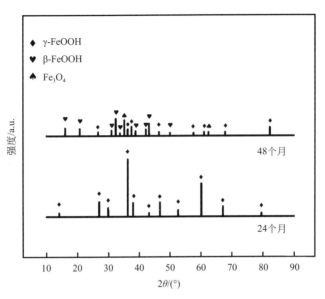

图2-6　Q235钢在文昌户外暴露不同时间后的腐蚀产物XRD图谱

2.2 Q450NQR1钢

2.2.1 概述

　　Q450NQR1钢是一种耐候钢，即耐大气腐蚀钢，是在普碳钢中添加一定量的Cu、P、Cr、Ni等合金元素制成的一类具有优良耐大气腐蚀性能的介于普通钢和不锈钢之间的价廉物美的低合金钢，属世界超级钢技术前沿水平的系列钢种之一，在我国主要用于制造集装箱和铁路货车车体[11]。

　　Q450NQR1钢由于优良的耐大气腐蚀性能被大众所研究。尹雨群等[12]通过周浸腐蚀试验方法研究了Q450NQR1钢的腐蚀性能，结果表明，其表面产生的腐蚀产物在48h后基本达到稳定，并且各个周期内均比Q345钢具有更好的耐腐蚀性，这主要得益于Cu和Cr元素参与了腐蚀成膜，促使α-FeOOH含量不断增加，并促使腐蚀产物膜整齐致密，从而提高了耐腐蚀能力。王力等[5, 13]研究了Q450NQR1钢在吐鲁番大气环境中的腐蚀行为，研究结果表明，在吐鲁番干热大气环境中Q450NQR1钢经过4年大气暴露试验的平均腐蚀速率为12g/(m² · a)，腐蚀坑深度较浅，腐蚀产物中α-FeOOH比例相对较高，腐蚀产物致密，对基体保护作用相对较好，钢中的Cr、Ni和Cu等元素促进了其形成稳定致密的锈层，同时也提高了锈层的保护性能。朴峰云等[14]通过周浸试验与大气暴露试验分析了Q450NQR1钢在周浸环境中与大气环境中的腐蚀性能的差异，研究表明，在大气环境中腐蚀速率稍大一些，这表明Cl⁻与

HSO_3^- 对其腐蚀的影响是不同的。黄涛等[15]研究了光照对 Q450NQR1 钢在干湿交替下的腐蚀行为的影响，结果表明光照可促进其表面形成均匀且致密的锈层保护膜，同时并未影响其腐蚀产物的物相类型，但各个腐蚀产物的比例有所变化。Zhang 等[16]通过微区电化学研究了 Q450NQR1 钢在腐蚀初期的特征，结果表明，Q450NQR1 钢中的铁素体与珠光体在腐蚀萌生时耦合成为一个微电偶腐蚀池，分别作为阴极和阳极促进钢优先腐蚀，并且初始腐蚀速率随着钢中的珠光体含量的增加而提高。

 ／ 化学成分与力学性能

（1）化学成分　TB/T 1979—2014 规定的化学成分见表 2-6。

表 2-6　化学成分

牌号	化学成分(质量分数)/%							
	C	Si	Mn	P	S	Cu	Cr	Ni
Q450NQR1	≤0.12	≤0.75	≤1.50	≤0.025	≤0.008	0.20～0.55	0.30～1.25	0.12～0.65

（2）力学性能　力学性能见表 2-7。

表 2-7　力学性能

牌号	公称厚度/mm	下屈服强度 R_{eL}/MPa	抗拉强度 R_m/MPa	断后伸长率 A/%	180°冷弯试验 $b \geqslant 20mm$	冲击吸收功 KV_2(-40℃)/J
Q450NQR1	≤6	≥450	≥550	≥22	D=a	≥60
	6～14			≥20	D=2a	
	>14～20			≥19	D=3a	

 ／ 腐蚀速率

腐蚀速率计算按照标准 GB/T 19292.4—2018《金属和合金的腐蚀 大气腐蚀性 第4部分：用于评估腐蚀性的标准试样的腐蚀速率的测定》进行，通过失重法得到腐蚀失重和腐蚀失厚（表 2-8 和图 2-7）。

表 2-8　Q450NQR1 钢在文昌户外暴露腐蚀失重和腐蚀失厚

品种	试验方式	暴露时间							
		0.5年		1年		2年		4年	
		腐蚀失重/(g/m²)	腐蚀失厚/mm	腐蚀失重/(g/m²)	腐蚀失厚/mm	腐蚀失重/(g/m²)	腐蚀失厚/mm	腐蚀失重/(g/m²)	腐蚀失厚/mm
轧制板材	文昌户外	291.21	0.037	463.93	0.060	698.56	0.090	1126.32	0.144

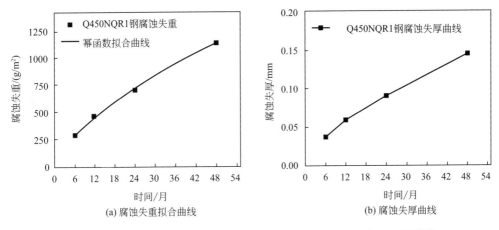

图2-7　Q450NQR1钢在文昌户外暴露腐蚀失重拟合曲线及腐蚀失厚曲线

对试验数据进行分析，失重与时间的数据符合式（2-1）幂函数规则，对其进行幂函数拟合（表2-9）。

表2-9　幂函数拟合曲线相关参数

参数	A	n	R^2
值	89.89	0.62	0.9991

图2-7和图2-8所示分别为Q450NQR1钢在文昌户外暴露4年内的腐蚀失重拟合曲线、腐蚀失厚曲线和腐蚀速率变化曲线。在第48个月时，Q450NQR1钢的失重达到1126.32g/m²。Q450NQR1钢在文昌户外暴露12个月的失重速率和失厚速率分别为463.93g/（m²·a）和60.0μm/a（表2-10）。从Q450NQR1钢在暴露过程中腐蚀速率随时间的变化曲线可以看出，虽然Q450NQR1钢在暴露初期腐蚀速率较高，

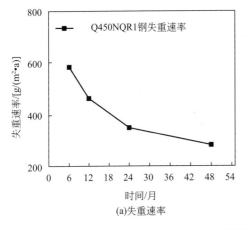
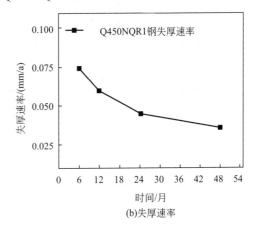

图2-8　Q450NQR1钢在文昌户外暴露不同时间腐蚀速率变化曲线

但随着时间推移，腐蚀速率呈下降趋势。对其大气腐蚀失重进行幂函数拟合，得其拟合函数方程$D=89.89t^{0.62}$，拟合方程相关系数为0.9991。Q450NQR1钢在暴露初期腐蚀状态比较严重，但n值小于1，表明腐蚀是逐渐减缓的过程。其锈层保护性随时间推移作用表现明显。

表2-10　Q450NQR1钢在文昌户外暴露不同时间腐蚀速率

品种	试验方式	暴露时间							
		0.5年		1年		2年		4年	
		失重速率/[g/(m²·a)]	失厚速率/(mm/a)	失重速率/[g/(m²·a)]	失厚速率/(mm/a)	失重速率/[g/(m²·a)]	失厚速率/(mm/a)	失重速率/[g/(m²·a)]	失厚速率/(mm/a)
轧制板材	文昌户外	582.42	0.074	463.93	0.060	349.28	0.045	281.58	0.036

2.2.4 / 腐蚀形貌

图2-9是Q450NQR1钢在文昌户外暴露6、12、24、48个月后的表面宏观腐蚀形貌图，从图中可知，随着暴露时间延长，试样表面的锈蚀逐渐严重，在24个月后试样表面锈层较为稳固。

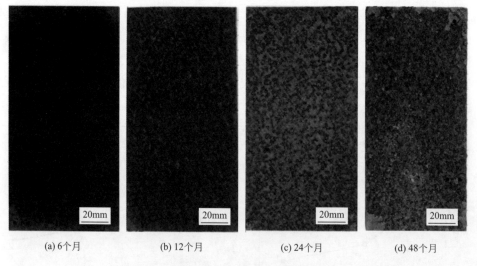

(a) 6个月　　　　(b) 12个月　　　　(c) 24个月　　　　(d) 48个月

图2-9　Q450NQR1钢在文昌户外暴露不同时间后的宏观腐蚀形貌

图2-10是Q450NQR1钢在暴露24个月和48个月后去除腐蚀产物后的蚀坑深度腐蚀形貌图。从图2-10可以看出，Q450NQR1钢腐蚀状态与Q235钢相似，处于均匀腐蚀状态，较深区域腐蚀凹坑的形成可能是表面的夹杂物脱落导致的。随着时间

的延长，凹坑的直径有所增大，暴露48个月时，凹坑逐渐连点成面，腐蚀深度趋向均匀。

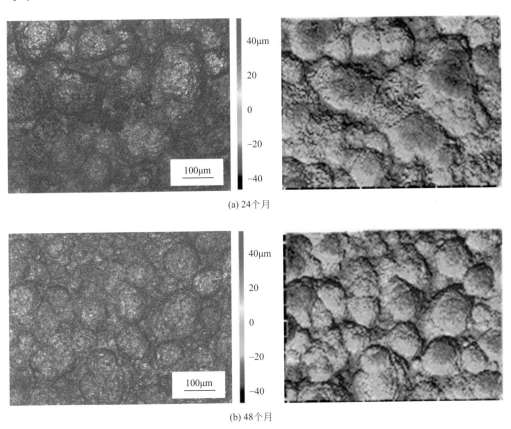

(a) 24个月

(b) 48个月

图2-10　Q450NQR1钢在文昌户外暴露不同时间后去清除腐蚀产物的蚀坑深度腐蚀形貌

2.2.5 腐蚀产物

图2-11所示为Q450NQR1钢在文昌户外暴露24和48个月后的表面微观形貌和能谱结果。从腐蚀形貌和能谱结果可看出，其表面腐蚀产物主要由Fe、O元素组成，为铁的氧化物。经过24个月暴露后，试样表面出现大量团簇状的腐蚀产物，腐蚀产物均为铁的氧化物，而暴露48个月后，表面片层腐蚀产物趋于均匀化，表面整体较为平整，存在少量团簇状腐蚀产物，且表面腐蚀产物存在裂纹。

图2-12所示为对Q450NQR1钢在文昌户外分别暴露24和48个月后的表面腐蚀产物进行XRD测试分析的结果，从峰的位置来看，Q450NQR1钢暴露24个月表面产物主要为稳定性较差的γ-FeOOH，且存在少量Fe_3O_4，当暴露48个月后，Q450NQR1钢腐蚀产物出现了Cl^-环境典型的不定型腐蚀产物β-FeOOH。

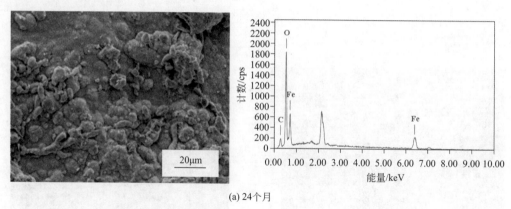

(a) 24个月

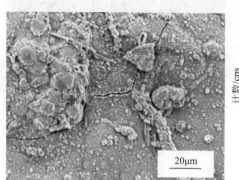
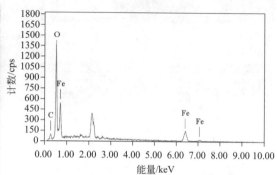

(b) 48个月

图 2-11　Q450NQR1 钢在文昌户外暴露不同时间后的腐蚀产物微观形貌和能谱结果

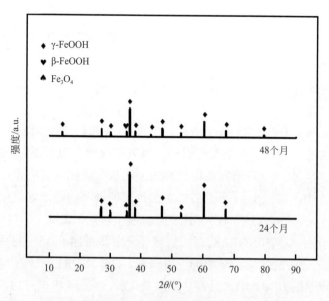

图 2-12　Q450NQR1 钢在文昌户外暴露不同时间后的腐蚀产物 XRD 图谱

2.3 Corten A 钢

2.3.1 概述

Corten A 钢是一种被广泛使用的耐候钢，它具有良好的耐候性，可以不涂装使用，它的耐候性可以达到普通碳钢的 2 ~ 8 倍。自 1933 年开发以来，其在桥梁、铁路车辆、建筑等领域得到广泛应用[17, 18]。

Corten A 钢的广泛应用使得人们开始研究其耐腐蚀性能。冯亚丽等[19]采用周浸加速试验模拟 Corten A 钢在青岛和万宁两种污染海洋大气环境中的腐蚀过程，研究发现，在 NaHSO₃ 浓度和 pH 值不变的情况下，随着模拟溶液中 NaCl 浓度的升高，Corten A 钢的腐蚀程度先增大后减小，当质量分数为 5% 时浸润液对其腐蚀作用最大，这是由于 Cl⁻ 活化能力较强，易破坏金属表面的氧化膜。成相膜理论认为 Cl⁻ 半径小、穿透性强，可透过钝化膜中的微小孔隙到达金属表面，与金属相互作用形成可溶性物质；吸附膜理论认为 Cl⁻ 会替换掉氧而吸附在金属表面，并与金属作用形成可溶性物质。因此，随着 NaCl 浓度的升高，Cl⁻ 对耐候钢表面的钝化膜的破坏作用增强，金属腐蚀加速，当 NaCl 浓度超过一定值时，氧的扩散极限速度将限制腐蚀反应的进一步发生，同时溶解氧减少，金属的腐蚀倾向减小。Song 等[20]研究了紫外辐射对沉降 NaCl 盐粒的 09CuPCrNi 钢大气腐蚀的影响机制，试验结果表明紫外辐射强烈地影响了其大气腐蚀的过程，同时紫外辐射是其表面形成具有半导体性质的腐蚀产物的光伏效应的重要因素，锈蚀后的 09CuPCrNi 钢在可见光照射下能够产生正的光电压。王志奋等[21]对 09CuPCrNi 钢干湿交替加速腐蚀后的锈层进行观察与分析，试验结果表明随着周期的增加，内锈层增厚且更加致密，他们通过对比分析锈层中的各物相的含量发现 γ-Fe₂O₃ 在内锈层的含量高于外锈层，这导致内锈层更加致密，同时 Cu、P、Cr 等元素明显富集，使其更容易形成相对稳定的 γ-Fe₂O₃ 相。邵长静等[22]研究了 Q345 钢与 09CuPCrNi 钢在模拟工业大气环境中的耐腐蚀性能，结果表明 09CuPCrNi 钢在模拟工业大气环境中的耐腐蚀性能优于 Q345 钢，前者生成的锈层更为细腻，晶体颗粒小，锈层相对致密，与基体的结合力好，这是由于偏聚到材料表面上的磷在水和氧的作用下水解生成了一种致密性较高的磷酸盐，它既能阻碍水和氧的通过，还能加速锈层中的 Fe²⁺ 向 Fe³⁺ 转化，阻止铁锈粒子长大进而形成晶粒细小、结构致密、稳定均匀的保护膜。马元泰等[23]研究了在海洋性气候中 Corten A 钢的耐腐蚀能力，试验结果表明，Cl⁻ 与锈层中的 Cr 共同影响其耐候性能，高浓度 Cl⁻ 条件下，主要是 Cl⁻ 影响其耐候性能，低浓度 Cl⁻ 条件下 Cr 占主导地位，Cr 的富集极大地改善了其耐候性能。罗睿等[24]通过研究 Q235 钢与 Corten A 钢在城市大气环境中与工业大气环境中的锈层初期演化机制，发现高硫环境对α-FeOOH的形成具有一定的催化作用，腐蚀条件越恶劣，Corten A 钢越能在较短的时间内形成覆盖比较完整的锈层，并且该锈层具有一定的保护性能。

 化学成分与力学性能

（1）化学成分　ASTM A588/588M—2019规定的化学成分见表2-11。

表2-11　化学成分

牌号	成分	化学成分(质量分数)/%								
		C	Si	Mn	P	S	Cr	Ni	Cu	V
Corten A	最小值	—	0.3	0.8	—	—	0.4	—	0.25	0.02
	最大值	0.19	0.65	1.25	0.03	0.03	0.65	0.4	0.4	0.1

鞍钢股份有限公司按照ASTM A588/588M推出Q/ASB 285—2015，化学成分见表2-12。

表2-12　化学成分

牌号	化学成分(质量分数)/%								
	C	Si	Mn	P	S	Ni	Cr	Cu	V
Corten A	≤0.20	0.15~0.50	0.75~1.35	≤0.04	≤0.05	≤0.50	0.40~0.70	0.20~0.40	0.01~0.10

（2）力学性能　力学性能见表2-13。

表2-13　力学性能

牌号	钢板厚度/mm	拉伸试验			
		上屈服强度 R_{eL}/MPa	抗拉强度 R_m/MPa	断后伸长率A/%	
				标距200mm	标距50mm
Corten A	≤100	≥345	≥485	≥18	≥21
	100~125	≥315	≥460	—	≥21
	>125	≥290	≥435	—	≥21

 腐蚀速率

腐蚀速率计算按照标准GB/T 19292.4—2018《金属和合金的腐蚀 大气腐蚀性 第4部分：用于评估腐蚀性的标准试样的腐蚀速率的测定》进行，通过失重法得到腐蚀失重和腐蚀失厚（表2-14和图2-13）。

表 2-14　Corten A 钢在文昌户外暴露腐蚀失重和腐蚀失厚

品种	试验方式	暴露时间							
		0.5年		1年		2年		4年	
		腐蚀失重 /(g/m²)	腐蚀失厚 /mm	腐蚀失重 /(g/m²)	腐蚀失厚 /mm	腐蚀失重 /(g/m²)	腐蚀失厚 /mm	腐蚀失重 /(g/m²)	腐蚀失厚 /mm
轧制板材	文昌户外	265.13	0.034	386.41	0.049	606.18	0.077	998.98	0.128

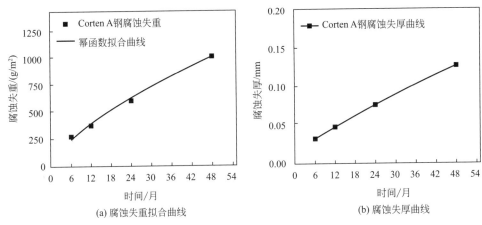

(a) 腐蚀失重拟合曲线　　　　　　　　(b) 腐蚀失厚曲线

图 2-13　Corten A 钢在文昌户外暴露腐蚀失重拟合曲线及腐蚀失厚曲线

对试验数据进行分析，失重与时间的数据符合式（2-1）幂函数规则，对其进行幂函数拟合（表2-15）。

表 2-15　幂函数拟合曲线相关参数

参数	A	n	R^2
值	73.94	0.67	0.9977

图2-13和图2-14所示分别为Corten A钢在文昌户外暴露4年内的腐蚀失重拟合曲线、腐蚀失厚曲线和腐蚀速率变化曲线。在第48个月时，Corten A钢的失重达到998.98g/m²，Corten A钢在文昌户外暴露12个月的失重速率和失厚速率分别为386.41g/（m²·a）和49μm/a（表2-16）。从Corten A钢在暴露过程中腐蚀速率随时间的变化曲线可以看出，虽然Corten A钢在暴露初期腐蚀速率较高，但随着时间推移，腐蚀速率呈下降趋势。对其大气腐蚀失重进行幂函数拟合，得其拟合函数方程 $D=73.94t^{0.67}$，拟合方程相关系数为0.9977。Corten A钢在暴露初期腐蚀状态比较严重，但 n 值小于1，表明腐蚀是逐渐减缓的过程。其锈层保护性随时间推移作用表现明显。

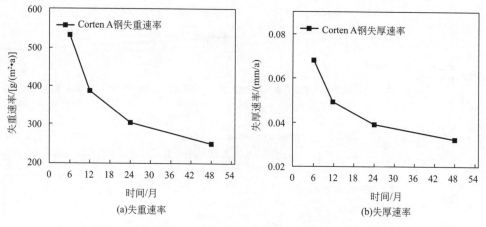

(a)失重速率　　　　　　　　　　　(b)失厚速率

图2-14　Corten A钢在文昌户外暴露不同时间腐蚀速率变化曲线

表2-16　Corten A钢在文昌户外暴露不同时间腐蚀速率

品种	试验方式	暴露时间							
		0.5年		1年		2年		4年	
		失重速率/[g/(m²·a)]	失厚速率/(mm/a)	失重速率/[g/(m²·a)]	失厚速率/(mm/a)	失重速率/[g/(m²·a)]	失厚速率/(mm/a)	失重速率/[g/(m²·a)]	失厚速率/(mm/a)
轧制板材	文昌户外	530.26	0.068	386.41	0.049	303.09	0.039	249.75	0.032

2.3.4　/ 腐蚀形貌

图2-15所示为Corten A钢在文昌户外暴露6、12、24、48个月后的表面宏观腐蚀

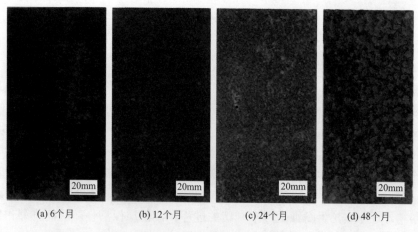

(a) 6个月　　　　(b) 12个月　　　　(c) 24个月　　　　(d) 48个月

图2-15　Corten A钢在文昌户外暴露不同时间后的宏观腐蚀形貌

形貌，从图中可知，随着暴露时间延长，试样表面的锈蚀逐渐严重，在暴露48个月后试样表面腐蚀产物脱落严重。

图2-16所示为Corten A钢在暴露24个月和48个月后去除腐蚀产物后的蚀坑深度腐蚀形貌。从图2-16可以看出，Corten A钢腐蚀状态与Q235钢和Q450NQR1钢相似，处于均匀腐蚀状态，较深区域腐蚀凹坑的形成可能是由表面的夹杂物脱落导致的。暴露48个月时，凹坑逐渐连点成面，腐蚀深度趋向均匀。

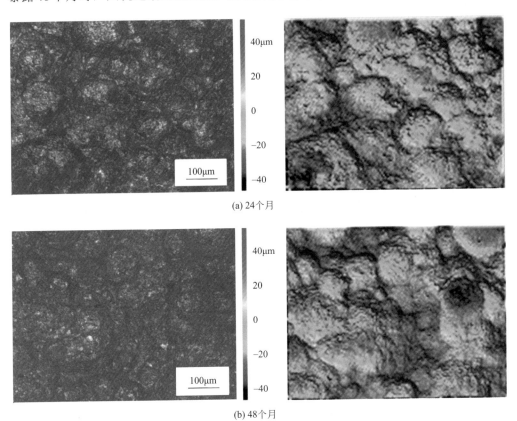

(a) 24个月

(b) 48个月

图2-16　Corten A钢在文昌户外暴露不同时间后去除腐蚀产物的蚀坑深度腐蚀形貌

2.3.5　腐蚀产物

图2-17所示为Corten A钢在文昌户外暴露24和48个月后的表面微观形貌和能谱结果。从腐蚀形貌和能谱结果可看出，其表面腐蚀产物主要由Fe、O元素组成，为铁的氧化物。经过24个月暴露后，试样表面腐蚀产物平整均匀，但腐蚀产物具有裂纹，该裂纹状态对Corten A钢锈层保护性不利；暴露48个月后，表面锈层存在少量团簇状腐蚀产物，且裂纹消失，腐蚀产物对Corten A钢保护性增强。

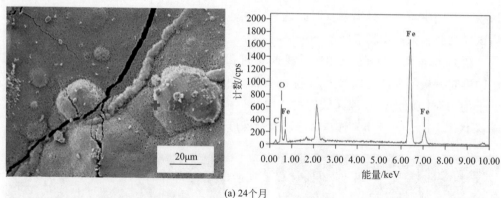

(a) 24个月

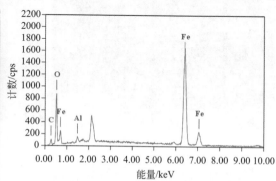

(b) 48个月

图2-17　Corten A钢在文昌户外暴露不同时间后的腐蚀产物微观形貌和能谱结果

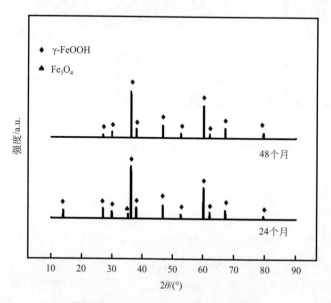

图2-18　Corten A钢在文昌户外暴露
不同时间后的腐蚀产物XRD图谱

图2-18所示是对Corten A钢在文昌户外分别暴露24和48个月后的表面腐蚀产物进行XRD测试分析的结果，从峰的位置来看，Corten A钢暴露24、48个月表面产物主要为稳定性较差的γ-FeOOH，且存在少量Fe_3O_4，此状态下的腐蚀产物并不稳定，锈层有待进一步稳定。

参考文献

[1] 王旭，肖葵，程学群，等. Q235 钢的污染海洋大气环境腐蚀寿命预测模型 [J]. 材料工程，2017，45（04）：51-57.

[2] 曹楚南. 中国材料的自然环境腐蚀 [M]. 北京：化学工业出版社，2005.

[3] 郝献超，李晓刚，肖葵，等. Q235 碳钢在西沙大气暴晒的锈层特征 [J]. 工程科学学报，2009，31（10）：1239-1244.

[4] 郝献超，李晓刚，肖葵，等. Q235 钢在西沙大气环境中的初期腐蚀行为 [J]. 中国腐蚀与防护学报，2009（06）：465-470.

[5] 王力，董超芳，肖葵，等. Q235 和 Q450 钢在吐鲁番干热大气环境中长周期暴晒时的腐蚀行为研究 [J]. 中国腐蚀与防护学报，2018，038（005）：431-437.

[6] 李慧艳，董超芳，肖葵，等. 碳钢在吐鲁番干热大气环境中的腐蚀行为 [J]. 腐蚀科学与防护技术，2014，26（005）：407-412.

[7] 王发仓，程学群，刘波，等. 新型 3Ni 钢和 Q235 碳钢，普通耐候钢在热带岛屿大气环境中暴晒后的锈层对比分析 [J]. 材料保护，2020，53（3）：8.

[8] 刘凯吉，黄桂桥，丁国清，等. 钢铁材料在黄河三门峡水库中的腐蚀行为 [J]. 装备环境工程，2017，14（002）：58-62.

[9] 李文翰，郑鹏华，彭敦诚，等. 广西工业与沿海地区 Q235 碳钢的早期大气腐蚀研究 [J]. 材料保护，2020，53（06）：18-26，40.

[10] 田倩倩，杜翠薇，海潮，等. Q235 碳钢在四川典型大气污染环境中的腐蚀行为研究 [J]. 西南民族大学学报（自然科学版），2020，46（05）：478-486.

[11] 杨松柏. 铁道车辆用耐候钢耐腐蚀性能评价方法 [J]. 铁道车辆，2001，39（05）：9-11，1.

[12] 尹雨群，李晓刚，程学群，等. 高强耐候钢 Q450NQR1 腐蚀规律和机制 [J]. 科技导报，2012，30（16）：48-51.

[13] Yu Q，Dong C，et al. Atmospheric corrosion of Q235 carbon steel and Q450 weathering steel in turpan，China[J]. Journal of Iron and Steel Research（International），2016，23（10）：1061-1070.

[14] 卢军辉，朴峰云，王晓春，等. 高强 Q450NQR1 货车车厢板耐腐蚀性能分析 [J]. 物理测试，2014，32（03）：4-8.

[15] 黄涛，陈小平，王向东，等. 光照对 Q450NQR1 耐候钢在干湿交替下腐蚀行为的影响 [J]. 工程科学学报，2016，38（12）：1762-1769.

[16] Zhang Y，Huang F. Effect of micro-phase electrochemical activity on the initial corrosion dynamics of weathering steel[J]. Materials Chemistry and Physics，2020，241（C）.

[17] 于千. 耐候钢发展现状及展望 [J]. 钢铁研究学报，2007（11）：1-4.

[18] 林翠，李晓刚，王凤平，等. 大气腐蚀研究方法进展 [J]. 中国腐蚀与防护学报，2004（04）：58-65.

[19] 冯亚丽，肖葵，白子恒，等. Corten-A 耐候钢在模拟污染海洋大气环境中的加速腐蚀相关性研究 [J]. 中国腐蚀与防护学报，2019，39（06）：519-526.

[20] Song L，Hou B，et al. The role of UV illumination on the initial atmospheric corrosion of 09CuPCrNi weathering steel in the presence of NaCl particles[J]. Corrosion Science，2014，87（1）：427-437.

[21] 王志奋，韩荣东，吴立新，等. 09CuPCrNi 耐候钢干湿交替加速腐蚀的锈层结构与形成机理 [J]. 腐蚀与防护，2012，33（02）：110-114.

[22] 邵长静. Q345钢与耐候钢09CuPCrNi模拟工业大气耐蚀性能比较[J]. 电大理工，2011（03）：12-14.

[23] 马元泰，王福会，李瑛，等. 热带海洋性环境下CortenA（09CuPCrNi）耐候性研究[J]. 腐蚀科学与防护技术，2010，22（04）：271-277.

[24] 罗睿，张三平，吴军，等. Q235和09CuPCrNi-A钢在两种不同大气环境中腐蚀早期锈层演化研究[J]. 中国腐蚀与防护学报，2014，34（06）：566-573.

第 3 章

文昌海洋大气环境
不锈钢的腐蚀行为

3.1 201（12Cr17Mn6Ni5N）

3.1.1 概述

201（12Cr17Mn6Ni5N）不锈钢为200系列不锈钢中的一种，其Cr含量为16%～18%，Ni含量为3.5%～5.5%，不但具有奥氏体不锈钢的优点，而且氮和锰加入后又具有自身的特点。氮作为间隙元素加入钢中使其产生固溶强化，强度较301不锈钢提高了30%～40%，弥补了18-8钢强度偏低的不足，且其塑性、韧性与301不锈钢相近；201不锈钢冷成型适应性与代用的18-8不锈钢对比并没有明显差别，在弱腐蚀条件下201不锈钢的耐腐蚀性能、焊接性能均可与304不锈钢相媲美，而且相对于304不锈钢，201不锈钢节约Ni 50%[1-5]。201不锈钢具有一定的耐酸、耐碱性能，其密度高、抛光无气泡、无针孔，是生产各种表壳、表带底盖的优质材料，主要用于做装饰管、工业管以及一些浅拉伸的制品。

关于201不锈钢的户外暴露腐蚀研究工作目前较少。一些学者研究了其在特定环境中的耐腐蚀行为。黄蓉芳等[4]采用沸腾的4% HAc和4% HAc+0.4% NaCl溶液来模拟酸性食物环境，以研究201不锈钢的腐蚀行为与金属元素的溶出特征。结果发现试样在这两种模拟环境中均处于钝化腐蚀状态，金属元素的稳定溶出速率从大到小顺序为Fe＞Mn＞Cr＞Ni。酸性食物环境中添加适量氯离子对金属元素的稳定腐蚀与溶出速率的作用很小。

 ／ 化学成分与力学性能

（1）化学成分　GB/T 1220—2007规定的化学成分见表3-1。

表3-1　化学成分

牌号	化学成分(质量分数)/%							
	C	Si	Mn	P	S	Ni	Cr	N
12Cr17Mn6Ni5N	0.15	1.00	5.50～7.50	0.05	0.03	3.50～5.50	16.00～18.00	0.05～0.25

（2）力学性能　力学性能见表3-2。

表3-2　力学性能

牌号	规定非比例延伸强度 $R_{p0.2}$/MPa	抗拉强度 R_m/MPa	断后伸长率 A/%	断面收缩率 Z/%	硬度		
					HBW	HRB	HV
	不小于				不大于		
12Cr17Mn6Ni5N	275	520	40	45	241	100	253

3.1.3 ／ 腐蚀速率

腐蚀速率计算按照标准GB/T 19292.4—2018《金属和合金的腐蚀 大气腐蚀性 第4部分：用于评估腐蚀性的标准试样的腐蚀速率的测定》进行，通过失重法得到腐蚀失重和腐蚀失厚，并测试201不锈钢户外暴露48个月的平均点蚀深度和最大点蚀深度（表3-3和图3-1）。

表3-3　201不锈钢在文昌户外暴露腐蚀失重、腐蚀失厚和点蚀深度

品种	试验方式	暴露时间									
		0.5年		1年		2年		4年			
		腐蚀失重/(g/m²)	腐蚀失厚/mm	腐蚀失重/(g/m²)	腐蚀失厚/mm	腐蚀失重/(g/m²)	腐蚀失厚/mm	腐蚀失重/(g/m²)	腐蚀失厚/mm	平均点蚀深度/μm	最大点蚀深度/μm
轧制板材	文昌户外	0.888	$1.14×10^{-4}$	4.588	$5.88×10^{-4}$	6.647	$8.52×10^{-4}$	7.808	$10.01×10^{-4}$	3.495	19.273

对试验数据进行分析，失重与时间的数据符合式（2-1）幂函数规则，对其进行幂函数拟合（表3-4）。

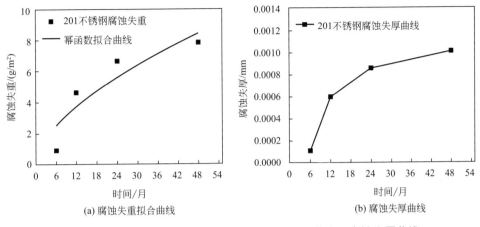

(a) 腐蚀失重拟合曲线　　　　　　　(b) 腐蚀失厚曲线

图3-1　201不锈钢在文昌户外暴露腐蚀失重拟合曲线及腐蚀失厚曲线

表3-4　幂函数拟合曲线相关参数

参数	A	n	R^2
值	0.882	0.582	0.8287

　　图3-1和图3-2所示分别为201不锈钢在文昌户外暴露4年内的腐蚀失重拟合曲线、腐蚀失厚曲线和腐蚀速率变化曲线。从201不锈钢在暴露过程中腐蚀速率随时间的变化曲线可以看出，随着时间推移，腐蚀速率呈先上升后下降趋势。对其大气腐蚀失重进行幂函数拟合，得其拟合函数方程$D=0.882t^{0.582}$，拟合方程相关系数为0.8287。暴露的前12个月，201不锈钢腐蚀较快，之后腐蚀较慢，趋于稳定。201不锈钢在文昌户外暴露不同时间的腐蚀速率见表3-5。

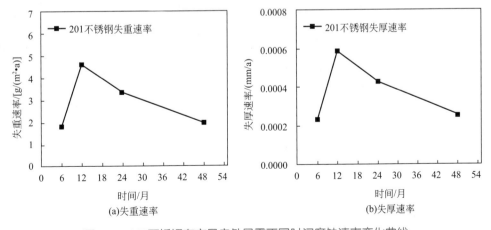

(a)失重速率　　　　　　　　　(b)失厚速率

图3-2　201不锈钢在文昌户外暴露不同时间腐蚀速率变化曲线

表3-5 201不锈钢在文昌户外暴露不同时间腐蚀速率

品种	试验方式	暴露时间							
		0.5年		1年		2年		4年	
		失重速率/[g/(m²·a)]	失厚速率/(mm/a)	失重速率/[g/(m²·a)]	失厚速率/(mm/a)	失重速率/[g/(m²·a)]	失厚速率/(mm/a)	失重速率/[g/(m²·a)]	失厚速率/(mm/a)
轧制板材	文昌户外	1.776	2.28×10^{-4}	4.588	5.88×10^{-4}	3.324	4.26×10^{-4}	1.952	2.5×10^{-4}

3.1.4 / 腐蚀形貌

图3-3所示为201不锈钢在文昌户外暴露6、12、24、48个月后的表面宏观腐蚀形貌，从图中可知，随着暴露时间延长，试样表面边缘部位的锈蚀逐渐严重，试样表面的锈蚀面积逐渐增加。201不锈钢的腐蚀主要以局部腐蚀为主。

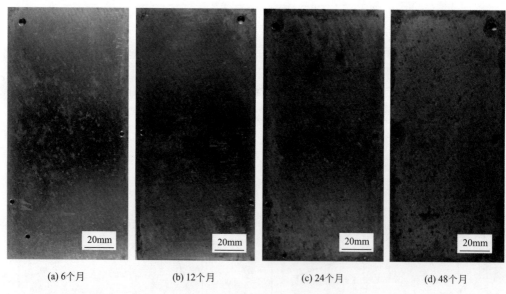

(a) 6个月　　　　　　(b) 12个月　　　　　　(c) 24个月　　　　　　(d) 48个月

图3-3 201不锈钢在文昌户外暴露不同时间后的宏观腐蚀形貌

图3-4所示为201不锈钢在暴露24和48个月后去除腐蚀产物后的蚀坑深度腐蚀形貌。从图3-4可以看出，201不锈钢均处于局部点蚀腐蚀状态，腐蚀深度有所差异，暴露48个月后材料平均点蚀深度达3.495μm，最大点蚀深度达19.273μm。

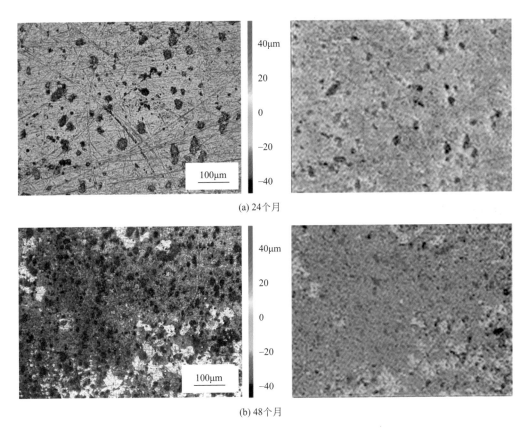

(a) 24个月

(b) 48个月

图 3-4　201不锈钢在文昌户外暴露不同时间后去除腐蚀产物的蚀坑深度腐蚀形貌

3.1.5 　腐蚀产物

图3-5所示为201不锈钢在文昌户外暴露24和48个月后的表面微观形貌和能谱结果。从腐蚀形貌和能谱结果可看出，其表面腐蚀产物主要由O、Cr、Fe、Al、Si、S、C元素组成，主要物质为Fe和Cr的氧化物，还含有少量的Cl元素。可以看出201不锈钢暴露24个月后表面以局部腐蚀为主，局部覆盖着一层厚度不均的腐蚀产物，且出现腐蚀产物脱落迹象；暴露48个月后局部分布着龟裂状的锈蚀层，且部分腐蚀产物已经发生明显脱落现象。

图3-6所示为201不锈钢在文昌户外暴露48个月后的腐蚀产物的XRD测试分析结果。从峰的位置来看，表面物质主要为奥氏体（γ）和α-Fe（α），暴露48个月试样表面腐蚀产物较少。

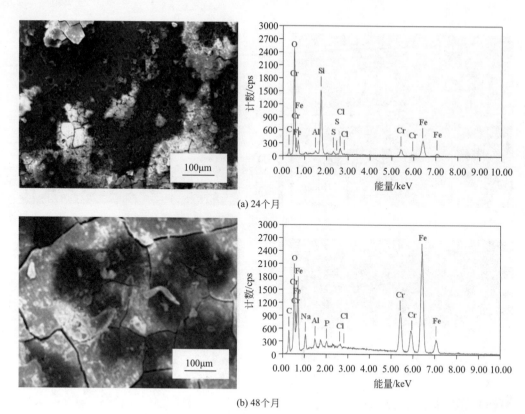

(a) 24个月

(b) 48个月

图3-5 201不锈钢在文昌户外暴露不同时间后的腐蚀产物微观形貌和能谱结果

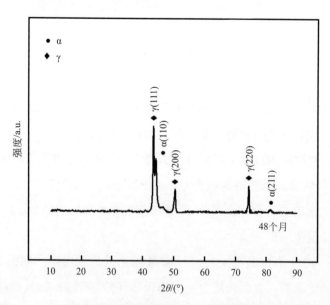

图3-6 201不锈钢在文昌户外暴露48个月后的腐蚀产物XRD图谱

3.2　430（10Cr17）

3.2.1　概述

430不锈钢（10Cr17）是一种铁素体不锈钢，具有良好的耐腐蚀性能，导热性能比奥氏体好，热膨胀系数比奥氏体小，耐热疲劳性能优异，由于添加稳定化元素钛，焊缝部位力学性能好，它的特点在于铬含量高、耐腐蚀性好[6]。

430不锈钢在焊接过程中，由于在475℃以及σ相析出温度区间停留时间短，一般没有475℃脆化和σ相脆化产生[7, 8]。430不锈钢的热膨胀系数小，与碳钢大致相同，仅为奥氏体不锈钢的60%～70%，非常适用于热胀、冷缩、有热循环的环境中[9]，一般在室内使用，如家庭的厨房设施及茶壶等。430不锈钢常用于耐热器具、燃烧器、冷热水供给设备、外部装饰材料等。与奥氏体不锈钢相比，430不锈钢具有更高的屈服强度，更低的加工硬化倾向，易于切削加工，但伸长率小。高温时，430不锈钢强度低于奥氏体不锈钢，但其高温抗氧化性能优良[10]，可用于锅炉燃烧室、燃烧器、耐热器具等。此外，和奥氏体不锈钢相比，430不锈钢不仅具有一般的耐腐蚀性能，而且在氯化物和苛性碱的环境中具有较好的抗应力腐蚀和抗局部腐蚀性能。

一些学者研究了430不锈钢在大气环境中的耐腐蚀行为。尹程辉等[11]采用灰色关联度法研究了430不锈钢在室内加速试验环境谱与万宁海洋大气环境中户外暴露试验的相关性。结果发现室内加速试验环境谱与万宁户外大气暴露试验符合腐蚀动力学一致原则，并建立了腐蚀预测模型。430不锈钢的预测模型为：$T_{430}=2813.697t^{0.632819}$。丁冬冬等[12]也展开了430不锈钢室内加速腐蚀与大气暴露相关性的研究，认为430不锈钢在大气环境的腐蚀过程中，其腐蚀机理也是点蚀，腐蚀失重与时间也呈幂函数关系，腐蚀产物和形貌结构与室内加速腐蚀试验相同，室内加速腐蚀试验是模拟430不锈钢大气腐蚀的一种加速试验。陈昊等[13]对430不锈钢在文昌、青岛、武汉试验站进行大气腐蚀试验，研究了不锈钢材料在海洋大气环境中的腐蚀行为，发现430不锈钢材料在不同地区的大气试验站中的腐蚀行为呈现显著的差异性，430不锈钢文昌试验站试样腐蚀最为严重，青岛试验站次之，武汉试验站试样腐蚀最轻。

3.2.2　化学成分与力学性能

（1）化学成分　GB/T 1220—2007规定的化学成分见表3-6。

表3-6 化学成分

牌号	化学成分（质量分数)/%						
	C	Si	Mn	P	S	Ni	Cr
10Cr17	0.12	1.00	1.00	0.04	0.03	0.60	16.00～18.00

（2）力学性能 力学性能见表3-7。

表3-7 力学性能

牌号	规定非比例延伸强度 $R_{p0.2}$/(N/mm²)	抗拉强度 R_m/(N/mm²)	断后伸长率 A/%	断面收缩率 Z/%	冲击吸收功 A_{ku2}/J	硬度
						HBW
	不小于					不大于
10Cr17	205	450	22	50	—	183

3.2.3 / 腐蚀速率

腐蚀速率计算按照标准GB/T 19292.4—2018《金属和合金的腐蚀 大气腐蚀性 第4部分：用于评估腐蚀性的标准试样的腐蚀速率的测定》进行，通过失重法得到腐蚀失重和腐蚀失厚，并测试430不锈钢文昌户外暴露48个月的平均点蚀深度和最大点蚀深度（表3-8和图3-7）。

表3-8 430不锈钢在文昌户外暴露腐蚀失重、腐蚀失厚和点蚀深度

品种	试验方式	暴露时间									
		0.5年		1年		2年		4年			
		腐蚀失重/(g/m²)	腐蚀失厚/mm	腐蚀失重/(g/m²)	腐蚀失厚/mm	腐蚀失重/(g/m²)	腐蚀失厚/mm	腐蚀失重/(g/m²)	腐蚀失厚/mm	平均点蚀深度/μm	最大点蚀深度/μm
轧制板材	文昌户外	1.69	2.17×10⁻⁴	3.40	4.36×10⁻⁴	6.83	8.76×10⁻⁴	9.81	12.58×10⁻⁴	3.878	12.402

对试验数据进行分析，失重与时间的数据符合式（2-1）幂函数规则，对其进行幂函数拟合（表3-9）。

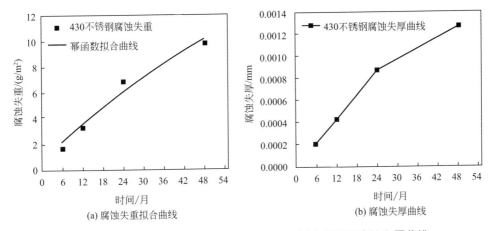

图3-7　430不锈钢在文昌户外暴露腐蚀失重拟合曲线及腐蚀失厚曲线

表3-9　幂函数拟合曲线相关参数

参数	A	n	R^2
值	0.577	0.739	0.9752

　　图3-7和图3-8所示分别为430不锈钢在文昌户外暴露4年内的腐蚀失重拟合曲线、腐蚀失厚曲线和腐蚀速率变化曲线。从430不锈钢在暴露过程中腐蚀速率随时间的变化曲线可以看出，430不锈钢在暴露初期腐蚀速率较高，且随着时间推移，腐蚀速率先逐渐趋于稳定，后逐渐降低。对其大气腐蚀失重进行幂函数拟合，得其拟合函数方程$D=0.577t^{0.739}$，拟合方程相关系数为0.9752。430不锈钢在文昌户外暴露不同时间腐蚀速率见表3-10。

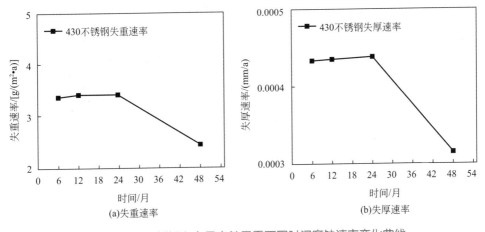

图3-8　430不锈钢在文昌户外暴露不同时间腐蚀速率变化曲线

表3-10　430不锈钢在文昌户外暴露不同时间腐蚀速率

品种	试验方式	暴露时间							
		0.5年		1年		2年		4年	
		失重速率/[g/(m² · a)]	失厚速率/(mm/a)	失重速率/[g/(m² · a)]	失厚速率/(mm/a)	失重速率/[g/(m² · a)]	失厚速率/(mm/a)	失重速率/[g/(m² · a)]	失厚速率/(mm/a)
轧制板材	文昌户外	3.38	$4.34×10^{-4}$	3.40	$4.36×10^{-4}$	3.42	$4.38×10^{-4}$	2.45	$3.15×10^{-4}$

3.2.4 ╱ 腐蚀形貌

图3-9所示为430不锈钢在文昌户外暴露6、12、24、48个月后的表面宏观腐蚀形貌，从图中可知，随着暴露时间的增加，试样表面的锈蚀面积也在逐渐增加。从腐蚀机制来看，430不锈钢的腐蚀主要以局部腐蚀为主，在暴露6个月后，试样表面已经有少量的腐蚀坑存在，随着暴露时间的增加，腐蚀坑逐渐扩展至整个试样表面。

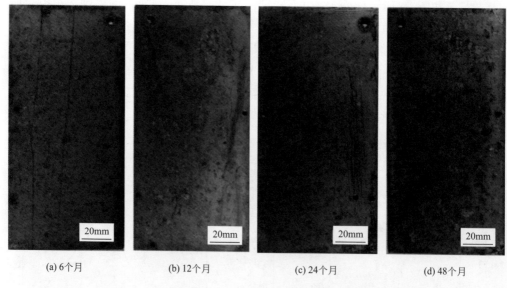

(a) 6个月	(b) 12个月	(c) 24个月	(d) 48个月

图3-9　430不锈钢在文昌户外暴露不同时间后的宏观腐蚀形貌

图3-10所示为430不锈钢在暴露24和48个月后去除腐蚀产物后的蚀坑深度腐蚀形貌。从图3-10可以看出，430不锈钢发生了点蚀，点蚀深度有所差异。由表3-8可知，48个月后材料平均点蚀深度达3.878μm，最大点蚀深度达12.402μm。

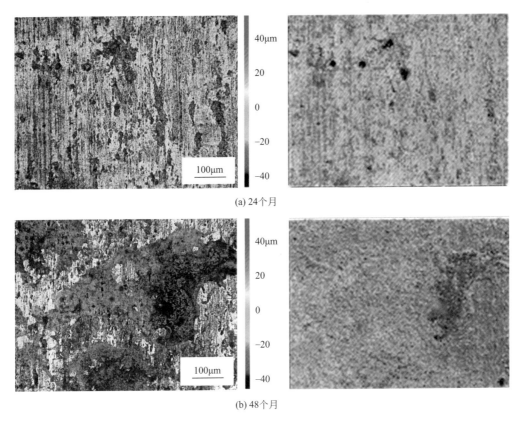

(a) 24个月

(b) 48个月

图3-10　430不锈钢在文昌户外暴露不同时间后去除腐蚀产物的蚀坑深度腐蚀形貌

3.2.5 腐蚀产物

图3-11是430不锈钢在文昌户外暴露24和48个月后的表面微观形貌和能谱结果图。从腐蚀形貌和能谱结果可看出，其表面腐蚀产物主要由O、Cr、Fe、Al、Si、P、S、Cl元素组成，主要物质为Fe和Cr的氧化物，还包含少量的Na等元素。可以看出430不锈钢暴露24个月后表面呈现明显的局部腐蚀特征，试样表面覆盖着一层厚度不均的腐蚀产物，部分区域的腐蚀产物已经有脱落迹象。此外，在腐蚀坑附近分布着大量的腐蚀产物，这是由于随着暴露时间的增加，腐蚀坑附近的腐蚀产物逐渐堆积。暴露48个月后局部地区分布着龟裂状的锈蚀层，且部分腐蚀产物已经发生明显的脱落现象。

图3-12所示为430不锈钢在文昌户外暴露48个月后的腐蚀产物的XRD测试分析结果。从峰的位置来看，表面物质主要为奥氏体（γ）和α-Fe（α），48个月试样表面腐蚀产物较少。

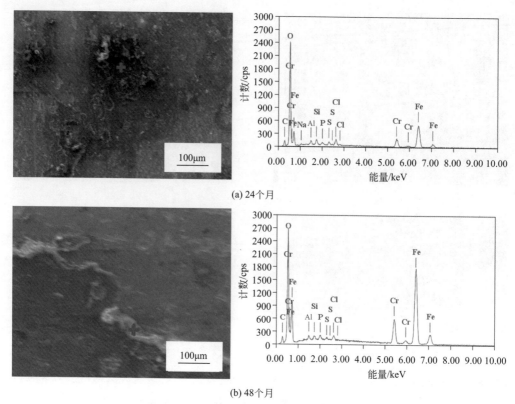

(a) 24个月

(b) 48个月

图3-11　430不锈钢在文昌户外暴露不同时间后的腐蚀产物微观形貌和能谱结果

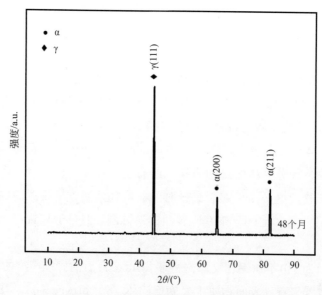

图3-12　430不锈钢在文昌户外暴露48个月后的腐蚀产物XRD图谱

3.3　431（14Cr17Ni2）

3.3.1　概述

431 不锈钢（14Cr17Ni2）是一种高强度马氏体不锈钢，是在 Cr17 型不锈钢的基础上加入 1.5% ～ 2.5% 的 Ni 元素而形成的铬镍马氏体不锈钢。Ni 元素的加入不仅提高了钢的塑性和韧性，还提高了其耐腐蚀性，其对大多数有机酸、氧化性酸和有机盐的水溶液都具有良好的耐腐蚀性；基体组织为少量铁素体 + 马氏体，兼具铁素体不锈钢的耐腐蚀性和马氏体不锈钢的高强度，常用于复杂环境中的高强度紧固件，其应用涵盖航空、石油化工及海洋工程等领域[14, 15]。

一般来说，431 不锈钢通常需要经过调质处理才能得到良好的力学性能，调质状态下的显微组织包含马氏体相、δ 铁素体相、碳化铬析出相及残余奥氏体相[16]。通过调质处理得到的马氏体相和少量的碳化铬析出相是其主要强化相，但在高温回火时，如果热处理工艺不恰当，就会产生过量的碳化铬析出相及 δ 铁素体相，以致降低材料的韧性和塑性，使材料出现回火脆性[17]。431 不锈钢的缺点是具有强烈的冷作硬化特性，工艺控制比较困难，必须经过多次工序间退火，以恢复材料的塑性和韧性，才能进行机加工。另外，由于 431 不锈钢的合金化程度较高，奥氏体形成区域非常狭窄，温度敏感性较高，因此其最终热处理工艺控制也较复杂[18]。

关于 431 不锈钢的腐蚀研究工作目前较少。钱玉水[19]研究了 431 不锈钢在不同态下的腐蚀性能，认为其不仅在热力学上表现为腐蚀电势低，即腐蚀趋势较小，在动力学上更具有优势。由于 431 不锈钢中的铬含量更高，且同时含有少量的镍，起到了扩大奥氏体区域的作用，提高了马氏体不锈钢的耐腐蚀性能。

3.3.2　化学成分与力学性能

（1）化学成分　GB/T 1220—2007 规定的化学成分见表 3-11。

表 3-11　化学成分

牌号	化学成分 (质量分数)/%						
	C	Si	Mn	P	S	Ni	Cr
14Cr17Ni2	0.11～0.17	0.80	0.80	0.04	0.03	1.50～2.50	16.00～18.00

（2）力学性能　力学性能见表 3-12。

表3-12   力学性能

牌号	经淬火回火后试样的力学性能					退火后钢棒硬度
	规定非比例延伸强度 $R_{p0.2}$/(N/mm²)	抗拉强度 R_m/(N/mm²)	断后伸长率 A/%	断面收缩率 Z/%	冲击吸收功 A_{ku2}/J	HBW
	不小于					不大于
14Cr17Ni2	—	1080	10	—	39	285

3.3.3 腐蚀速率

腐蚀速率计算按照标准GB/T 19292.4—2018《金属和合金的腐蚀 大气腐蚀性 第4部分：用于评估腐蚀性的标准试样的腐蚀速率的测定》进行，通过失重法得到腐蚀失重和腐蚀失厚，并测试430不锈钢文昌户外暴露48个月的平均点蚀深度和最大点蚀深度（表3-13和图3-13）。

表3-13   431不锈钢在文昌户外暴露腐蚀失重、腐蚀失厚和点蚀深度

品种	试验方式	暴露时间									
		0.5年		1年		2年		4年			
		腐蚀失重 /(g/m²)	腐蚀失厚 /mm	腐蚀失重 /(g/m²)	腐蚀失厚/mm	腐蚀失重 /(g/m²)	腐蚀失厚/mm	腐蚀失重 /(g/m²)	腐蚀失厚/mm	平均点蚀深度 /μm	最大点蚀深度 /μm
轧制板材	文昌户外	3.42	4.38× 10⁻⁴	5.96	7.64× 10⁻⁴	6.12	7.85× 10⁻⁴	6.77	8.68× 10⁻⁴	2.626	6.702

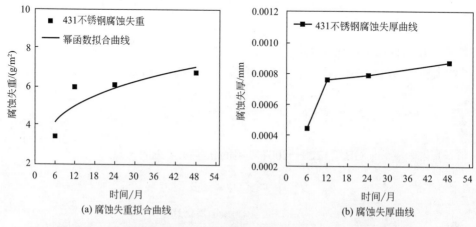

图3-13   431不锈钢在文昌户外暴露腐蚀失重拟合曲线及腐蚀失厚曲线

对试验数据进行分析，失重与时间的数据符合式（2-1）幂函数规则，对其进行幂函数拟合（表3-14）。

表 3-14　幂函数拟合曲线相关参数

参数	A	n	R^2
值	2.718	0.247	0.7459

图3-13和图3-14所示分别为431不锈钢在文昌户外暴露4年内的腐蚀失重拟合曲线、腐蚀失厚曲线和腐蚀速率变化曲线。从431不锈钢在暴露过程中腐蚀速率随时间的变化曲线可以看出，431不锈钢在暴露初期腐蚀速率较高（在12个月之内），24个月之后腐蚀速率逐渐趋于稳定，变化较小。对其大气腐蚀失重进行幂函数拟合，得其拟合函数方程$D=2.718t^{0.247}$，拟合方程相关系数为0.7459。431不锈钢在文昌户外暴露不同时间腐蚀速率见表3-15。

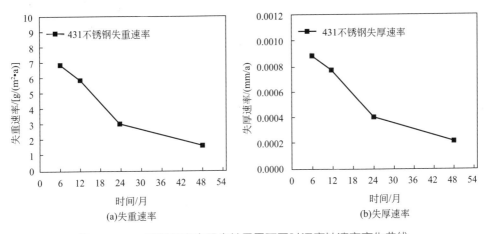

(a)失重速率　　　　　　　　　(b)失厚速率

图3-14　431不锈钢在文昌户外暴露不同时间腐蚀速率变化曲线

表 3-15　431不锈钢在文昌户外暴露不同时间腐蚀速率

品种	试验方式	暴露时间							
		0.5年		1年		2年		4年	
		失重速率/[g/(m²·a)]	失厚速率/(mm/a)	失重速率/[g/(m²·a)]	失厚速率/(mm/a)	失重速率/[g/(m²·a)]	失厚速率/(mm/a)	失重速率/[g/(m²·a)]	失厚速率/(mm/a)
轧制板材	文昌户外	6.84	8.76×10^{-4}	5.96	7.64×10^{-4}	3.06	3.93×10^{-4}	1.69	2.17×10^{-4}

3.3.4　腐蚀形貌

图3-15所示为431不锈钢在文昌户外暴露6、12、24、48个月后的表面宏观腐蚀形貌，从图中可以看出，431不锈钢的腐蚀形态以局部腐蚀为主，暴露6个月之后出现了少量点蚀，表面出现了明显的腐蚀产物。12个月时腐蚀已经较为严重，只能看到

局部的金属光泽，大部分表面已经出现腐蚀产物。48个月之后，整个试样表面几乎看不到金属光泽，出现了很严重的腐蚀。

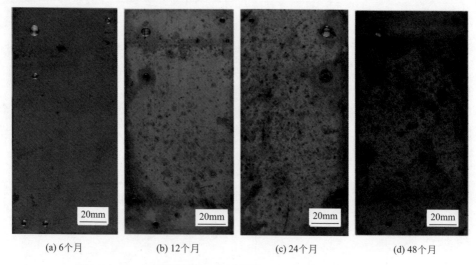

(a) 6个月　　　　(b) 12个月　　　　(c) 24个月　　　　(d) 48个月

图3-15　431不锈钢在文昌户外暴露不同时间后的宏观腐蚀形貌

图3-16所示为431不锈钢在暴露12个月和48个月后去除腐蚀产物后的蚀坑深度

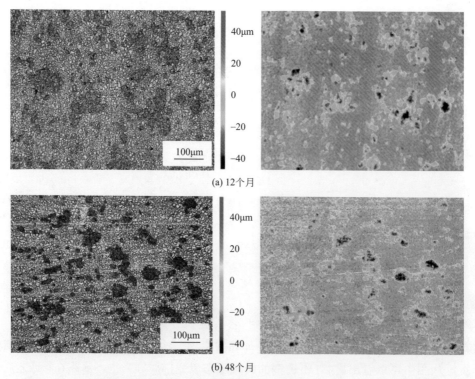

(a) 12个月

(b) 48个月

图3-16　431不锈钢在文昌户外暴露不同时间后去除腐蚀产物的蚀坑深度腐蚀形貌

腐蚀形貌。从图3-16可以看出，431不锈钢发生了点蚀，点蚀深度有所差异，由表3-13可知，暴露48个月后材料平均点蚀深度达2.626μm，最大点蚀深度达6.702μm。

3.3.5　腐蚀产物

图3-17所示为431不锈钢在文昌户外暴露12和48个月后的表面微观形貌和能谱结果。从腐蚀形貌和能谱结果可看出，其表面腐蚀产物主要由O、Cr、Fe、Al、Si、P、Cl元素组成，腐蚀产物主要是Fe、Cr等的氧化物，说明腐蚀较为严重。可以看出431不锈钢经过暴露后，表面出现了部分点蚀坑，但是点蚀坑较浅，且点蚀坑的内部出现了很多小坑，表明腐蚀产物已经较多。

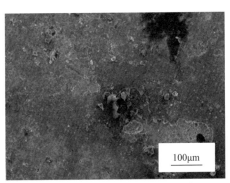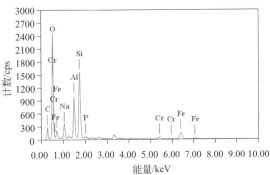

(a) 12个月

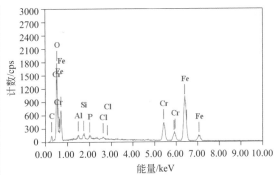

(b) 48个月

图3-17　431不锈钢在文昌户外暴露不同时间后腐蚀产物微观形貌和能谱结果

图3-18所示为431不锈钢在文昌户外暴露48个月后的腐蚀产物的XRD测试分析结果。从峰的位置来看表面物质主要为奥氏体（γ），并含有少量γ-FeOOH。

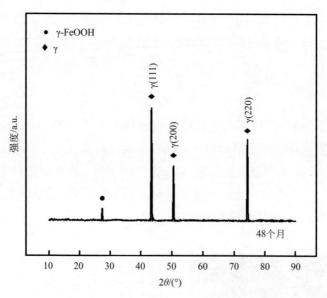

图3-18   431不锈钢在文昌户外暴露48个月后的腐蚀产物XRD图谱

3.4 / 304（06Cr19Ni10）

3.4.1 / 概述

304不锈钢（06Cr19Ni10）是一种典型的奥氏体不锈钢，其相组成包含少量铁素体，具有优良的力学性能，易加工成型，可焊接性强，而且具有优异的耐腐蚀性能[20]。据统计，304不锈钢的产量和用量占不锈钢材料的50%以上，被广泛地应用在航天航空、建筑工程、海洋工程和石油化工等领域[21]。对304不锈钢进行合理的热处理可以显著改善其耐腐蚀性，并提高综合力学性能，这与材料的组织和相结构密切相关[22, 23]。304不锈钢属于Fe-Cr-Ni系合金，其Cr含量为18%～20%，Ni含量为8%～11%，这两种金属元素决定了304不锈钢的耐腐蚀性能，在服役过程中表面易生成保护性的氧化膜，从而表现出高耐腐蚀性[24]。

一些学者研究了304不锈钢在大气环境中的耐腐蚀行为。尹程辉等[11, 25]建立了304不锈钢在青岛污染海洋大气环境中的腐蚀预测模型，并模拟了万宁海洋大气环境建立了室内加速谱，以对304不锈钢材料进行寿命预测。他们分析了304不锈钢在室内模拟海洋大气环境加速谱下的腐蚀行为，利用灰色关联度法研究了其与青岛海洋大气环境中户外暴露试验的相关性，建立了304不锈钢在青岛污染海洋大气环境中的腐蚀寿命预测模型：$T_{304}=62.47016t^{0.443669}$。同时，建立了304不锈钢在万宁海洋大气环境中的腐蚀寿命预测模型：$T_{304}=1030.499t^{0.761524}$。骆鸿等[26, 27]研究了西沙群岛苛刻海洋大气环境中，经过不同暴露时间后304不锈钢的腐蚀行为和机理。304不锈钢在西沙大气环境中暴露后的腐蚀类型主要是以局部腐蚀的点蚀为主，腐蚀产物主要由β-FeOOH、γ-Fe_2O_3和Fe_3O_4组成。随暴露时间的延长，不锈钢表面钝化膜的稳定性变差，点蚀数目增多，点蚀坑深度增大，表面腐蚀产物覆盖率也逐渐增大，并通过加速腐蚀试验对304不锈钢材料在该地区的大气腐蚀行为进行了一定程度的预测。陈昊等[13, 28]对304（2B）、304（BA）两种表面处理不锈钢在文昌、青岛、武汉试验站进行大气腐蚀试验，研究了不锈钢材料在海洋大气环境中的腐蚀行为，发现在不同地区的大气试验站中的腐蚀行为呈现显著的差异性，文昌试验站试样腐蚀最严重，青岛试验站次之，武汉试验站试样腐蚀最轻。同一试验站中，对比304（2B）、304（BA）两种表面不锈钢，304（BA）腐蚀程度明显小于304（2B），表明BA表面处理提升了不锈钢材料的耐腐蚀性。304不锈钢在武汉地区有较好的耐腐蚀性，BA试样表面钝化膜更稳定，表面活性点蚀数量更少，认为腐蚀过程中与试样表面相互作用的粒子主要为Cl^-，Cr_2O_3氧化膜抑制了氯离子的扩散进程。张宇等[29]研究了南海大气环境中服役的304不锈钢的点蚀原因与机理，结果发现304不锈钢试样的耐腐蚀能力随暴露时间的增加而不断下降，点蚀现象不断增加。暴露初期，点蚀坑主要向纵深发展；暴露后期，点蚀坑的宽度达到一定程度后，本体溶液向坑内迁移，稀释了坑内溶液的酸度，点蚀坑向纵深和横向同时发展。

化学成分与力学性能

（1）化学成分　GB/T 4237—2015规定的化学成分见表3-16。

表3-16　化学成分

牌号	化学成分 (质量分数)/%							
	C	Si	Mn	P	S	Ni	Cr	N
06Cr19Ni10	0.07	0.75	2.00	0.045	0.03	8.00～10.50	17.50～19.50	0.10

（2）力学性能　力学性能见表3-17。

表3-17　力学性能

牌号	规定非比例延伸强度 $R_{p0.2}$/(N/mm²)	抗拉强度 R_m/(N/mm²)	断后伸长率 A/%	硬度		
				HBW	HRB	HV
	不小于			不大于		
06Cr19Ni10	205	515	40	201	92	210

3.4.3 / 腐蚀速率

腐蚀速率计算按照标准GB/T 19292.4—2018《金属和合金的腐蚀 大气腐蚀性 第4部分：用于评估腐蚀性的标准试样的腐蚀速率的测定》进行，通过失重法得到腐蚀失重和腐蚀失厚，并测试304不锈钢在文昌户外暴露48个月的平均点蚀深度和最大点蚀深度（表3-18和图3-19）。

表3-18　304不锈钢在文昌户外暴露腐蚀失重、腐蚀失厚和点蚀深度

品种	试验方式	暴露时间									
		0.5年		1年		2年		4年			
		腐蚀失重/(g/m²)	腐蚀失厚/mm	腐蚀失重/(g/m²)	腐蚀失厚/mm	腐蚀失重/(g/m²)	腐蚀失厚/mm	腐蚀失重/(g/m²)	腐蚀失厚/mm	平均点蚀深度/μm	最大点蚀深度/μm
轧制板材	文昌户外	2.23	2.86×10⁻⁴	3.22	4.13×10⁻⁴	8.15	10.45×10⁻⁴	11.05	14.17×10⁻⁴	1.485	11.281

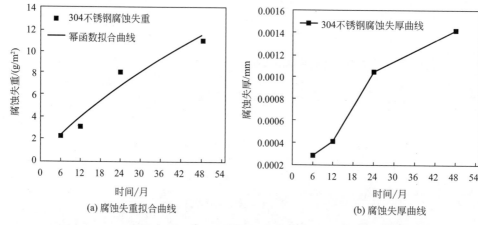

(a) 腐蚀失重拟合曲线　　　　　　　(b) 腐蚀失厚曲线

图3-19　304不锈钢在文昌户外暴露腐蚀失重拟合曲线及腐蚀失厚曲线

对试验数据进行分析，失重与时间的数据符合式（2-1）幂函数规则，对其进行幂函数拟合（表3-19）。

表3-19　幂函数拟合曲线相关参数

参数	A	n	R²
值	0.650	0.741	0.9487

图3-19和图3-20所示分别为304不锈钢在文昌户外暴露4年内的腐蚀失重拟合曲线、腐蚀失厚曲线和腐蚀速率变化曲线。从304不锈钢在暴露过程中腐蚀速率随时

间的变化曲线可以看出，腐蚀失厚和失重都随着时间的增加而增加，且随着时间推移，腐蚀速率按减小 - 增加 - 减小变化。对其大气腐蚀失重进行幂函数拟合，得其拟合函数方程 $D=0.65t^{0.741}$，拟合方程相关系数为 0.9487。304 不锈钢在文昌户外暴露不同时间腐蚀速率见表 3-20。

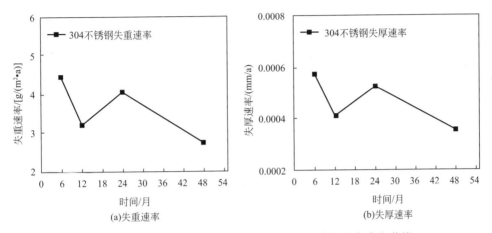

图 3-20　304 不锈钢在文昌户外暴露不同时间腐蚀速率变化曲线

表 3-20　304 不锈钢在文昌户外暴露不同时间腐蚀速率

品种	试验方式	暴露时间							
		0.5 年		1 年		2 年		4 年	
		失重速率 /[g/(m²·a)]	失厚速率 /(mm/a)	失重速率 /[g/(m²·a)]	失厚速率 /(mm/a)	失重速率 /[g/(m²·a)]	失厚速率 /(mm/a)	失重速率 /[g/(m²·a)]	失厚速率 /(mm/a)
轧制板材	文昌户外	4.46	5.72×10⁻⁴	3.22	4.13×10⁻⁴	4.08	5.23×10⁻⁴	2.76	3.54×10⁻⁴

3.4.4　腐蚀形貌

图 3-21 所示为 304 不锈钢在文昌户外暴露 6、12、24、48 个月后的表面宏观腐蚀形貌，从图中可以看出，304 不锈钢的腐蚀形态以局部腐蚀为主，在暴露 6 个月之后出现了少量点蚀，在暴露 6 ～ 48 个月时，随暴露时间的增加，304 不锈钢试样黄褐色锈层密度越来越大，在暴露 48 个月时试样周边产生了大片密集的锈蚀，且表面金属光泽变暗。

图 3-22 所示为 304 不锈钢在暴露 24 和 48 个月后去除腐蚀产物后的蚀坑深度腐蚀形貌。从图 3-22 可以看出，304 不锈钢均处于局部点蚀腐蚀状态，腐蚀深度有所差异，暴露 48 个月后 304 不锈钢平均点蚀深度达 1.485μm，最大点蚀深度达 11.281μm。

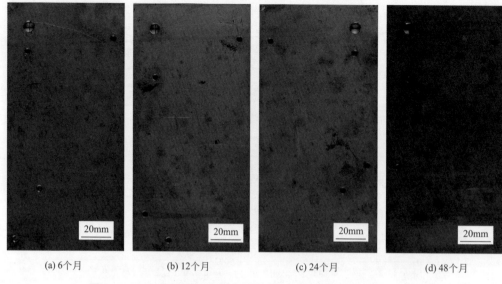

(a) 6个月　　　　　　(b) 12个月　　　　　　(c) 24个月　　　　　　(d) 48个月

图3-21　304不锈钢在文昌户外暴露不同时间后的宏观腐蚀形貌

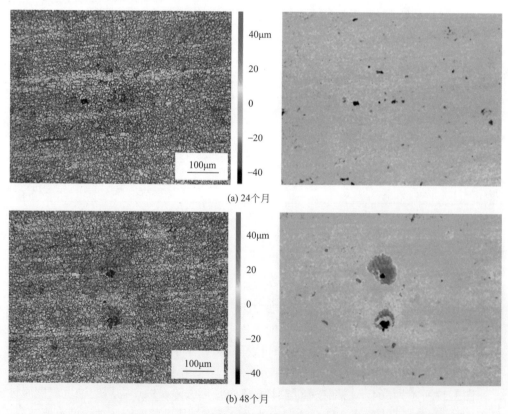

(a) 24个月

(b) 48个月

图3-22　304不锈钢在文昌户外暴露不同时间去除腐蚀产物后的蚀坑深度腐蚀形貌

腐蚀产物

图 3-23 所示为 304 不锈钢在文昌户外暴露 24 和 48 个月后的表面微观形貌和能谱结果。从腐蚀形貌和能谱结果可看出，其表面腐蚀产物主要由 O、Cr、Fe、Ni、Mn、Si、P、Cl、S 元素组成，腐蚀产物主要是 Fe、Cr、Mn 等的氧化物，说明腐蚀较为严重。经过 24 个月暴露后，304 不锈钢表面已经出现了较浅的点蚀坑，暴露 48 个月后表面点蚀坑数目增多且腐蚀产物更加密集，在点蚀坑周围腐蚀产物堆积严重。

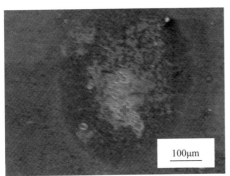
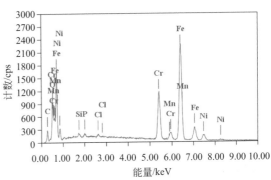

(a) 24 个月

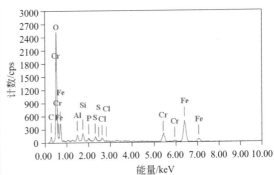

(b) 48 个月

图 3-23　304 不锈钢在文昌户外暴露不同时间后腐蚀产物微观形貌和能谱结果

图 3-24 所示为 304 不锈钢在文昌户外暴露 48 个月后的表面腐蚀产物的 XRD 测试分析结果。从峰的位置来看表面物质主要为奥氏体（γ）和 α-Fe（α），暴露 48 个月试样表面腐蚀产物较少。

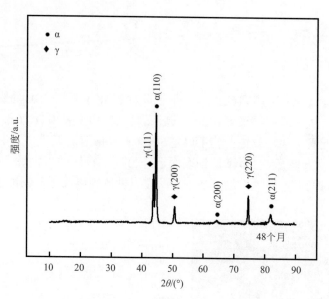

图3-24   304不锈钢在文昌户外暴露48个月后的腐蚀产物XRD图谱

3.5 / 316L（022Cr17Ni12Mo2）

3.5.1 / 概述

　　316L不锈钢（022Cr17Ni12Mo2）是一种典型的奥氏体不锈钢，其成分特点是超低碳含量（碳含量小于0.03%），具有良好的力学性能和耐高温、易加工和耐腐蚀特性。同时，316L不锈钢中Cr和Ni的含量都较高，与304、310不锈钢相比，316L不锈钢由于Mo元素的加入能够表现出更加突出的耐卤化物腐蚀性[30-32]。因此，316L不锈钢被广泛地应用在石油化工、机械工业、海洋装置和船舶等领域。同时，随着近年来国防建设的不断开展，316L不锈钢在军用舰船、海事设备等方面的应用变得越来越普遍，甚至被誉为"船用钢"。尽管316L不锈钢具有优异的耐腐蚀性和综合的力学性能，但是服役在条件恶劣的环境中，受高温、高压、深海、酸碱性等多因素影响下，也会发生腐蚀破坏。因此，研究各种服役环境中316L不锈钢的腐蚀机理对我国工业等发展有着至关重要的作用[33-36]。

　　316L不锈钢在大气环境中可以形成致密的钝化膜，因而具有极好的耐腐蚀性能，然而在含有氯、溴等元素的环境中，卤族元素离子会对钝化膜产生强烈的诱导破坏作用[37, 38]。可以说氯离子是公认的导致不锈钢应力腐蚀开裂发生率较高的主要因素之一，国内外对此开展了大量研究工作，并取得了很多成果。特别地，在450～850℃的氯化物中比较容易产生晶间腐蚀，对不锈钢的服役造成影响；在含硫气氛中，也会表现出不理想的耐腐蚀性。研究显示，发生晶间腐蚀是影响316L不锈钢服役寿命的最常见的因素[39]。

部分学者研究了316L不锈钢在大气环境中的耐腐蚀行为。董超芳等[40]评估了在西沙群岛苛刻海洋大气环境中，316L不锈钢经过不同暴露时间后的腐蚀行为。研究结果表明，暴露时间的长短对316L不锈钢的钝化行为没有显著影响。在极化曲线上均表现为阳极活化溶解特征，钝化膜失去保护作用，且暴露时间越长，不锈钢表面破损越多。同时，随着暴露时间的延长，不锈钢表面微区的Kelvin电位整体分布下降，且趋向于不均匀分布，电位波动逐渐增大，这可能是由钝化膜发生破裂进而发生点蚀以及腐蚀产物积累造成的。尹程辉等[11]模拟万宁海洋大气环境建立室内加速环境谱，并对316L不锈钢材料进行寿命预测，采用灰色关联度法研究室内加速环境谱与万宁海洋大气环境中户外暴露试验的相关性。316L不锈钢的腐蚀失重速率随着试验时间的增加而降低，316L不锈钢腐蚀产物主要为Fe_2O_3和Fe_3O_4，建立的316L不锈钢的预测模型为$T_{316L}=1323.981t^{0.712401}$。刘殿宇等[41]研究了316L不锈钢在南海170m海洋深水环境中的局部腐蚀行为规律。结果发现浸泡7天时，316L不锈钢表面发生局部腐蚀，但微生物吸附会形成保护性的微生物膜，引起其自腐蚀电位及击穿电位正移，耐点蚀性能会提高。随着浸泡时间的延长，溶解氧含量逐渐降低，试样表面吸附的微生物膜性质发生变化，导致钝化膜在微生物与Cl^-的作用下破裂，自腐蚀电位及击穿电位负移，耐点蚀性能降低。郭明晓等[42]研究了316L不锈钢在盐湖大气环境中暴露8年的腐蚀行为。结果表明：不锈钢在盐湖大气环境中暴露初期腐蚀速率较高，在暴露后期腐蚀速率较低。由于尘土的堆积，不锈钢下表面发生更严重的腐蚀。随暴露时间的延长，腐蚀产物中铬和铁的氧化物的相对含量逐渐增加，从而影响不锈钢的腐蚀速率。不锈钢最大点蚀深度与腐蚀时间呈幂函数关系。李大朋等[43]研究了316L不锈钢在南海170m海洋深水环境中的缝隙腐蚀行为。结果发现深海工况下浸泡120h后，点蚀试样腐蚀轻微，机械划痕清晰可见，缝隙腐蚀试样表面有腐蚀产物生成，并出现明显的局部损伤。随着腐蚀时间的延长，缝隙腐蚀试样表面的局部损伤发展为浅表局部腐蚀，缝隙口堆积锈红色腐蚀产物，并形成闭塞电池。腐蚀408h后，在Cl^-的催化及微生物膜的加速作用下，缝隙口生成许多细小的点蚀坑，并聚集形成点蚀带，缝隙内部呈现波纹状腐蚀形貌，缝隙外部腐蚀相对轻微。

 3.5.2　**化学成分与力学性能**

（1）化学成分　GB/T 4237—2015规定的化学成分见表3-21。

表3-21　化学成分

牌号	化学成分(质量分数)/%								
	C	Si	Mn	P	S	Ni	Cr	Mo	N
022Cr17Ni12Mo2	0.08	0.75	2.00	0.045	0.03	10.00～14.00	16.00～18.00	2.00～3.00	0.10

（2）力学性能　力学性能见表3-22。

表3-22　力学性能

牌号	规定非比例延伸强度 $R_{p0.2}$/(N/mm²)	抗拉强度 R_m/(N/mm²)	断后伸长率 A/%	硬度		
				HBW	HRB	HV
	不小于			不大于		
022Cr17Ni12Mo2	205	515	40	217	95	220

3.5.3 ／腐蚀速率

腐蚀速率计算按照标准GB/T 19292.4—2018《金属和合金的腐蚀 大气腐蚀性 第4部分：用于评估腐蚀性的标准试样的腐蚀速率的测定》进行，通过失重法得到腐蚀失重和腐蚀失厚，并测试316L不锈钢在文昌户外暴露48个月的平均点蚀深度和最大点蚀深度（表3-23和图3-25）。

表3-23　316L不锈钢在文昌户外暴露腐蚀失重、腐蚀失厚和点蚀深度

品种	试验方式	暴露时间									
		0.5年		1年		2年		4年			
		腐蚀失重/(g/m²)	腐蚀失厚/mm	腐蚀失重/(g/m²)	腐蚀失厚/mm	腐蚀失重/(g/m²)	腐蚀失厚/mm	腐蚀失重/(g/m²)	腐蚀失厚/mm	平均点蚀深度/μm	最大点蚀深度/μm
轧制板材	文昌户外	0.86	1.11×10^{-4}	1.51	1.94×10^{-4}	2.89	3.70×10^{-4}	4.48	5.75×10^{-4}	3.837	18.206

对试验数据进行分析，失重与时间的数据符合式（2-1）幂函数规则，对其进行幂函数拟合（表3-24）。

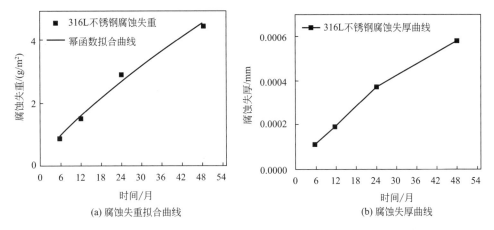

图 3-25　316L 不锈钢在文昌户外暴露腐蚀失重拟合曲线及腐蚀失厚曲线

表 3-24　幂函数拟合曲线相关参数

参数	A	n	R^2
值	0.245	0.755	0.9929

图 3-25 和图 3-26 所示分别为 316L 不锈钢在文昌户外暴露 4 年内的腐蚀失重拟合曲线、腐蚀失厚曲线和腐蚀速率变化曲线。从 316L 不锈钢在暴露过程中腐蚀速率随时间的变化曲线可以看出,在 12 个月之内,腐蚀速率较高,24 个月之后腐蚀速率逐渐趋于稳定,变化较小。对其大气腐蚀失重进行幂函数拟合,得其拟合函数方程 $D=0.245t^{0.755}$,拟合方程相关系数为 0.9929。316L 不锈钢在文昌户外暴露不同时间腐蚀速率见表 3-25。

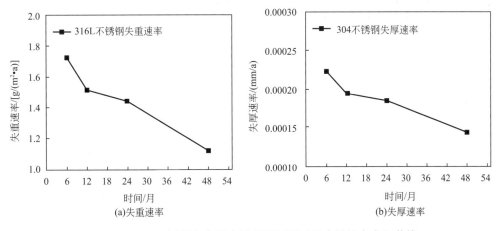

图 3-26　316L 不锈钢在文昌户外暴露不同时间腐蚀速率变化曲线

表3-25　316L不锈钢在文昌户外暴露不同时间腐蚀速率

品种	试验方式	暴露时间							
		0.5年		1年		2年		4年	
		失重速率/[g/(m²·a)]	失厚速率/(mm/a)	失重速率/[g/(m²·a)]	失厚速率/(mm/a)	失重速率/[g/(m²·a)]	失厚速率/(mm/a)	失重速率/[g/(m²·a)]	失厚速率/(mm/a)
轧制板材	文昌户外	1.72	2.22×10⁻⁴	1.51	1.94×10⁻⁴	1.44	1.85×10⁻⁴	1.12	1.44×10⁻⁴

3.5.4 　腐蚀形貌

图3-27所示为316L不锈钢在文昌户外暴露6、12、24、48个月后的表面宏观腐蚀形貌，从图中可以看出，316L不锈钢的腐蚀形态以局部腐蚀为主，316L不锈钢边缘连续分布着锈迹，其腐蚀程度明显比中心严重。边缘铁锈牢牢粘接在钢板表面上，即使除锈后也依然可以看到黄色的铁锈痕迹。整体而言，316L不锈钢发生了局部腐蚀，表面依然具有金属光泽，表明其具有良好的耐腐蚀性能。

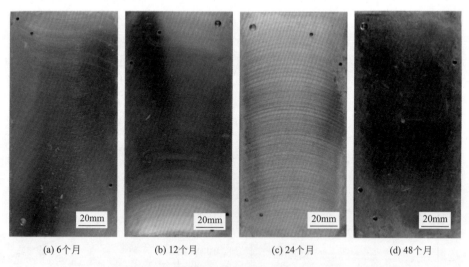

(a) 6个月　　　　(b) 12个月　　　　(c) 24个月　　　　(d) 48个月

图3-27　316L不锈钢在文昌户外暴露不同时间后的宏观腐蚀形貌

图3-28所示为316L不锈钢在暴露24和48个月后去除腐蚀产物后的蚀坑深度腐蚀形貌。从图3-28可以看出，316L不锈钢均发生了点蚀，点蚀深度有所差异，暴露48个月后316L不锈钢平均点蚀深度达3.837μm，最大点蚀深度达18.206μm。

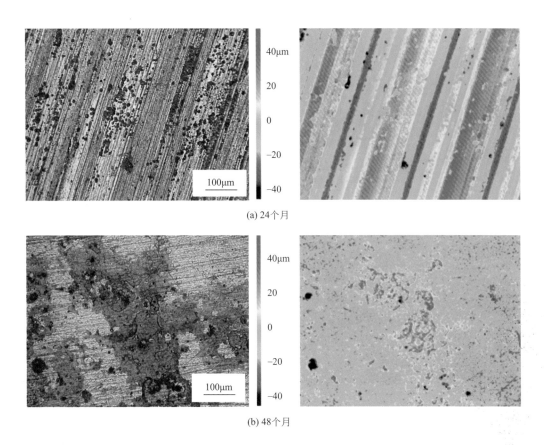

(a) 24个月

(b) 48个月

图3-28　316L不锈钢在文昌户外暴露不同时间后去除腐蚀产物的蚀坑深度腐蚀形貌

3.5.5　腐蚀产物

图3-29所示为316L不锈钢在文昌户外暴露24和48个月后的表面微观形貌和能谱结果。从腐蚀形貌和能谱结果可看出，其表面腐蚀产物主要由O、Cr、Fe、Na、Mg、Si、P、Cl、S元素组成，腐蚀产物主要是Fe、Cr等的氧化物，说明腐蚀较为严重。相较于暴露24个月后的腐蚀程度，暴露48个月后316L不锈钢腐蚀更严重，腐蚀区域呈连续片状分布。Cr元素在腐蚀产物中出现，表明不锈钢的钝化膜遭到破坏，可能是316L不锈钢在严酷环境中更长时间的暴露导致了更严重的腐蚀。

图3-30所示为316L不锈钢在文昌户外暴露48个月后的表面腐蚀产物的XRD测试分析结果。从峰的位置来看，表面物质主要为奥氏体（γ）和α-Fe（α）。

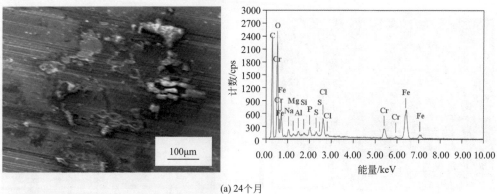

(a) 24个月

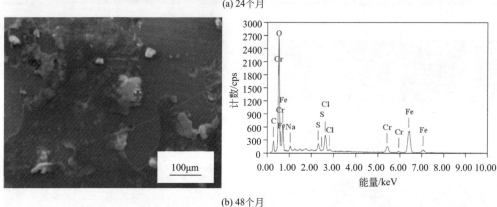

(b) 48个月

图3-29　316L不锈钢在文昌户外暴露不同时间后的腐蚀产物微观形貌和能谱结果

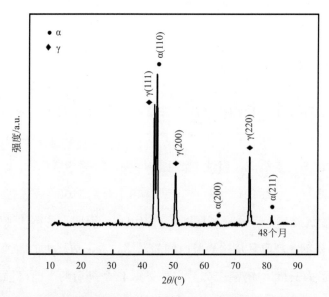

图3-30　316L不锈钢在文昌户外暴露48个月后的腐蚀产物XRD图谱

3.6 / 2205（022Cr23Ni5Mo3N）

3.6.1 / 概述

　　2205 不锈钢（022Cr23Ni5Mo3N）是一种奥氏体-铁素体型不锈钢，兼有奥氏体与铁素体的优点，是目前世界上双相钢中应用最普遍的钢。双相钢具有复杂的析出相，这些析出相往往会成为应力集中并产生失效的原因，因此双相钢在成型加工前需要进行固溶处理，使析出相重新融入基体中，以改善其组织与性能[44]。双相钢因优异的力学性能与耐腐蚀性能，常用于石油、天然气及海水等环境中[45, 46]。2205 不锈钢对含硫化氢、二氧化碳、氯化物的环境具有阻抗性，可进行冷、热加工及成型，焊接性能良好，适用于作结构材料。该不锈钢的耐腐蚀性主要取决于表面形成的致密氧化物钝化膜，其保护基体免受腐蚀介质的侵蚀[47]。由于海洋大气环境中盐度高，在 Cl^- 的作用下该不锈钢极易发生点蚀，容易引发严重的安全事故和造成经济损失[48]，但与单相的奥氏体钢或铁素体钢相比，该不锈钢在富氯的环境中表现出更加优异的耐腐蚀性能。研究表明[49, 50]，由于海洋大气的高湿度环境的作用，钢结构的表面会产生一层电解质层，电解质层中的高浓度 Cl^- 会引起严重的腐蚀破坏。有研究发现[51]，2205 不锈钢在含硫的海洋大气环境中会形成钝化膜，并随着腐蚀时间的延长，钝化膜中 Cr_2O_3 的含量降低，说明在海洋大气环境中 Cr_2O_3 对 2205 不锈钢有较好的保护作用。汪毅聪等[52]研究发现，固溶处理可以改变合金元素在两相中的分布和两相的相对含量，对两相的微区电化学活性及两相间的电偶效应产生影响，并发现当 α 相的含量为 60.8% 时，两相具有最低的腐蚀电流密度，即此时的耐点蚀性能最强。

　　一些学者研究了 2205 不锈钢在苛刻环境中的耐腐蚀行为。肖葵等[11]通过建立模拟万宁海洋大气环境的室内加速环境谱对 2205 不锈钢材料进行了寿命预测，采用灰色关联度法研究室内加速环境谱与万宁海洋大气环境中户外暴露试验的相关性，结果发现 2205 不锈钢的腐蚀失重速率随着试验时间的增加而降低，通过灰色关联度建立了 2205 不锈钢的腐蚀预测模型：$T_{2205}=3451.543t^{0.85862}$。刘智勇等[53]通过模拟南海深海环境研究了 2205 不锈钢的腐蚀行为。结果表明随着静水压力的增大，2205 不锈钢的阴极和阳极反应都加强，腐蚀速率提高，2205 不锈钢的维钝电流密度增大，高压力使 Cl^- 更容易渗入不锈钢钝化膜。赵国仙等[54]通过模拟油田酸化完井全过程和产出工况，研究了 2205 不锈钢在酸化完井全过程中的腐蚀行为以及在含 CO_2 气体的地层水中的腐蚀行为。结果表明：试验钢在含 CO_2 气体的地层水中发生轻微的均匀腐蚀；在酸化完井全过程腐蚀时，试验钢发生明显的铁素体相选择性溶解腐蚀，远高于其在含 CO_2 气体地层水中的腐蚀速率；在新配制酸溶液中腐蚀时，试验钢处于活化状态，腐蚀速率较高；在含0.1MPa CO_2气体的地层水中，试验钢阳极区出现钝化现象，腐蚀速率显著降低。姜勇等[55]对2205不锈钢在含溴的醋酸环境中的腐蚀行为进行了研究。结果表明在含溴的醋酸环境中，2205不锈钢发生了奥氏体的选择性腐蚀，腐蚀速率随着温度的升高和Br^-的增加而提高，随着浸泡时间的延长而降低。张盈盈等[56]通过模拟油田采出液研究了2205不锈钢在不同温度、不同极化电位和不同Cl^-含量情况下的点蚀行为。结果发现随着温度升高，2205不锈钢的点蚀击穿电位下降，钝化区间变窄；2205不锈钢在6%（质量分数）NaCl溶液中的临界点蚀温度约为56℃；当Cl^-质量分数为6%～24%时，随Cl^-含量增大，临界点蚀温度降低，但幅度较小，腐蚀电流增长幅度较大。温度和极化电位对2205不锈钢点蚀行为的影响较大，在所研究范围内，Cl^-含量的影响较小。高丽飞等[57]研究了2205不锈钢在一级反渗透（RO）淡化海水、海水及浓缩海水中的点蚀行为。结果发现随着温度的升高，钝化膜稳定性降低，2205不锈钢耐腐蚀性降低。钝化状态下，其在一级RO淡化海水中比在海水中腐蚀严重，点蚀敏感性随Cl^-浓度的升高而增加。

 ## 3.6.2 化学成分与力学性能

（1）化学成分　GB/T 4237—2015规定的化学成分见表3-26。

表3-26　化学成分

牌号	化学成分(质量分数)/%								
	C	Si	Mn	P	S	Ni	Cr	Mo	N
022Cr23Ni5Mo3N	0.03	1.00	2.00	0.03	0.02	4.50～6.50	22.00～23.00	3.00～3.50	0.14～0.20

（2）力学性能　力学性能见表3-27。

表3-27　力学性能

牌号	规定非比例延伸强度 $R_{p0.2}$/(N/mm²)	抗拉强度 R_m/(N/mm²)	断后伸长率 A/%	硬度	
				HBW	HRC
	不小于			不大于	
022Cr23Ni5Mo3N	450	655	25	293	31

 ## 3.6.3 腐蚀速率

腐蚀速率计算按照标准GB/T 19292.4—2018《金属和合金的腐蚀 大气腐蚀性第4部分：用于评估腐蚀性的标准试样的腐蚀速率的测定》进行，通过失重法得到腐蚀失重和腐蚀失厚，并测试2205不锈钢在文昌户外暴露48个月的平均点蚀深度和最大点蚀深度（表3-28和图3-31）。

表3-28　2205不锈钢在文昌户外暴露腐蚀失重、腐蚀失厚和点蚀深度

品种	试验方式	暴露时间									
		0.5年		1年		2年		4年			
		腐蚀失重/(g/m²)	腐蚀失厚/mm	腐蚀失重/(g/m²)	腐蚀失厚/mm	腐蚀失重/(g/m²)	腐蚀失厚/mm	腐蚀失重/(g/m²)	腐蚀失厚/mm	平均点蚀深度/μm	最大点蚀深度/μm
轧制板材	文昌户外	0.21	0.27×10^{-4}	0.53	0.68×10^{-4}	1.43	1.83×10^{-4}	2.22	2.85×10^{-4}	2.735	9.292

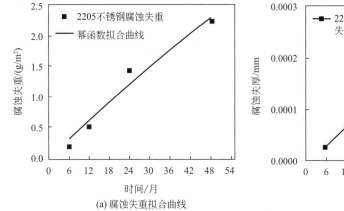
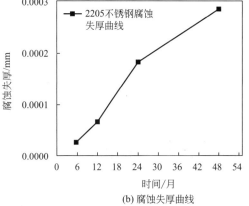

(a) 腐蚀失重拟合曲线　　　　　　　(b) 腐蚀失厚曲线

图3-31　2205不锈钢在文昌户外暴露腐蚀失重拟合曲线及腐蚀失厚曲线

对试验数据进行分析，失重与时间的数据符合式（2-1）幂函数规则，对其进行幂函数拟合（表3-29）。

表3-29　幂函数拟合曲线相关参数

参数	A	n	R^2
值	0.065	0.919	0.9676

图3-31和图3-32所示分别为2205不锈钢在文昌户外暴露4年内的腐蚀失重拟合曲线、腐蚀失厚曲线和腐蚀速率变化曲线。从2205不锈钢在暴露过程中腐蚀速率随时间的变化曲线可以看出，在6～24个月内，2205不锈钢试样单位面积失重不断增加，且斜率逐渐变大，即腐蚀速率提高。24～48个月，随着暴露时间的延长，试样单位面积失重减少，腐蚀速率降低。对其大气腐蚀失重进行幂函数拟合，得其拟合函数方程$D=0.065t^{0.919}$，拟合方程相关系数为0.9676。2205不锈钢在文昌户外暴露不同时间腐蚀速率见表3-30。

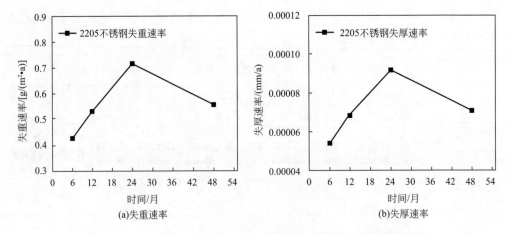

图3-32   2205不锈钢在文昌户外暴露不同时间腐蚀速率变化曲线

表3-30   2205不锈钢在文昌户外暴露不同时间腐蚀速率

品种	试验方式	暴露时间							
		0.5年		1年		2年		4年	
		失重速率/[g/(m²·a)]	失厚速率/(mm/a)	失重速率/[g/(m²·a)]	失厚速率/(mm/a)	失重速率/[g/(m²·a)]	失厚速率/(mm/a)	失重速率/[g/(m²·a)]	失厚速率/(mm/a)
轧制板材	文昌户外	0.42	0.54×10^{-4}	0.53	0.68×10^{-4}	0.72	0.92×10^{-4}	0.56	0.71×10^{-4}

3.6.4   腐蚀形貌

图3-33所示为2205不锈钢在文昌户外暴露6、12、24、48个月后的表面宏观腐蚀形貌，从图中可看出，2205不锈钢的腐蚀形态以点蚀为主，由于文昌户外暴露环境苛刻，暴露12个月后就有少量的腐蚀发生，试样的表面上有少量的红色腐蚀产物产生。暴露6个月的试样表面未见明显的腐蚀发生。经过48个月的暴露后，在表面观察到了红色腐蚀产物，且表面颜色较其他试样明显变暗。由此可见，随着暴露时间的延长，2205不锈钢表面腐蚀程度加重。

图3-34所示为2205不锈钢在暴露12和48个月后去除腐蚀产物后的蚀坑深度腐蚀形貌。从图3-34可以看出，2205不锈钢均处于点蚀状态，点蚀深度有所差异，暴露48个月后平均点蚀深度达2.735μm，最大点蚀深度达9.292μm。

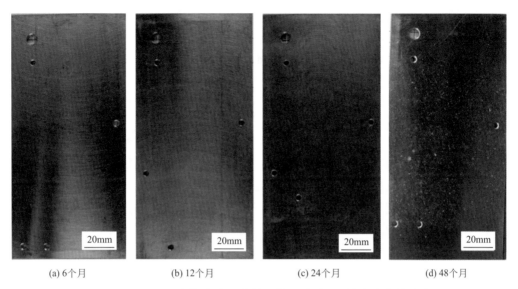

(a) 6个月　　　　　　(b) 12个月　　　　　　(c) 24个月　　　　　　(d) 48个月

图3-33　2205不锈钢在文昌户外暴露不同时间后的宏观腐蚀形貌

(a) 12个月

(b) 48个月

图3-34　2205不锈钢在文昌户外暴露不同时间后去除腐蚀产物的蚀坑深度腐蚀形貌

3.6.5 / **腐蚀产物**

图3-35所示为2205不锈钢在文昌户外暴露12和48个月后的表面微观形貌和能谱结果。从腐蚀形貌和能谱结果可看出，腐蚀产物除了含有Fe、Cr、Ni等2205不锈钢常见元素外，还存在S等元素。暴露48个月后，腐蚀产物主要含有C、Fe等元素。由此可知，随着暴露时间的延长，试样表面腐蚀程度逐渐加深，表面产生的红色腐蚀产物主要是Fe的氧化物。经过6个月暴露后，试样表面已经有少量点蚀坑，试样表面有金属轻微局部剥落，出现较浅的点蚀坑。点蚀坑也较为平整，周围其他区域基本保持完整，附近没有腐蚀产物的沉积或者覆盖。经过24个月暴露后，试样表面点蚀坑变多且更为明显，较大的点蚀坑出现，导致局部剥落，点蚀坑较为密集。经过48个月暴露后，试样表面有轻微的裂纹出现，且分布有较深的点蚀坑，点蚀坑形状不规则。

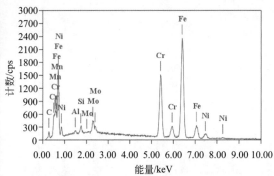

(a) 12个月

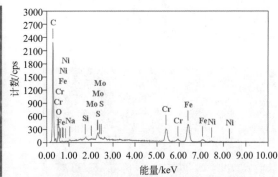

(b) 48个月

图3-35 2205不锈钢在文昌户外暴露不同时间后腐蚀产物微观形貌和能谱结果

图3-36所示为2205不锈钢在文昌户外暴露48个月后的腐蚀产物的XRD测试分析结果。从峰的位置来看表面物质主要为奥氏体（γ）和α-Fe，暴露48个月试样表面腐蚀产物较少。

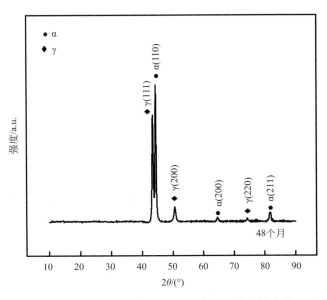

图 3-36　2205 不锈钢在文昌户外暴露 48 个月后的腐蚀产物 XRD 图谱

参考文献

[1] 崔朝宇. 稀土元素铈对奥氏体锰铬系 201 不锈钢的组织与性能的影响 [D]. 内蒙古：内蒙古科技大学，2012.

[2] Chuaiphan W，Srijaroenpramong L. Effect of hydrogen in argon shielding gas for welding stainless steel grade SUS 201 by GTA welding process[J]. Journal of Advanced Joining Processes，2020，1：100016.

[3] Souza Filho I R，Almeida Junior D R，et al. Austenite reversion in AISI 201 austenitic stainless steel evaluated via in situ synchrotron X-ray diffraction during slow continuous annealing[J]. Materials Science and Engineering A. Structural Materials：Properties，Microstructure and Processing，2019，755（7）：267-277.

[4] 黄蓉芳，李谋成. 201 型不锈钢在酸性食物模拟环境中的腐蚀行为[J]. 腐蚀与防护，2016，37（01）：12-15，21.

[5] 齐达，李晶，董力，等. 200 系列不锈钢耐腐蚀性能研究[J]. 钢铁钒钛，2010，31（02）：72-76.

[6] 赵雅，李世霞，屈海东，等. 焊接方法对 430 不锈钢焊接接头组织性能的影响[J]. 热加工工艺，2020，549（23）：143-147.

[7] Nguyen N V，Jung J K，et al. Methodology to extract constitutive equation at a strain rate level from indentation curves[J]. International Journal of Mechanical Sciences.，2019，152：363-377.

[8] 李业绩，马德志，段斌，等. 建筑高性能结构钢 Q550GJC 的焊接性试验研究[J]. 焊接技术，2019，48（12）：7-11.

[9] 石青，王志斌，王文先，等. 铁素体不锈钢/奥氏体不锈钢焊接接头的组织和性能[J]. 材料热处理学报，2014，35（04）：143-148.

[10] 张朝生. 添加 Mo 对 14Cr 铁素体系不锈钢抗氧化性能影响的研究[J]. 特钢技术，2003（2）：45.

[11] 肖葵，严程辉，白子恒，等. 热带海洋大气环境下不锈钢的腐蚀寿命评估[J]. 表面技术，2022，4：183-193，246.

[12] 丁冬冬，凤仪，黄晓晨，等. 430不锈钢室内加速腐蚀与大气暴露的相关性研究[J]. 表面技术，2016，45（07）：56-61.

[13] 陈昊. 不锈钢在海洋大气环境中的腐蚀行为研究[D]. 北京：机械科学研究总院，2021.

[14] 张静，蒋春霞，乔帮威，等. 14Cr17Ni2钢高温变形行为及本构方程的研究[J]. 热加工工艺，2018，47（14）：38-43.

[15] Liu Y，Li A，et al. Effects of heat treatment on microstructure and tensile properties of laser melting deposited AISI 431 martensitic stainless steel[J]. Materials Science and Engineering，A，Structural Materials：Properties，Microstructure and Processing. 2016，666：27-33.

[16] 马涛涛. 1Cr17Ni2钢的热处理工艺研究[J]. 特钢技术，2011，17（3）：32-34.

[17] 肖葵，李晓刚，董超芳，等. 14Cr17Ni2不锈钢过滤阀门失效分析[J]. 材料保护，2020，53（09）：141-146.

[18] 柏立庆，殷秀银. 14Cr17Ni2托板自锁螺母热处理工艺[J]. 金属加工（热加工），2011（23）：41-43.

[19] 钱玉水. 马氏体不锈钢在不同态下的腐蚀性能研究[D]. 太原：太原理工大学，2012.

[20] 甄国辉，王海人，屈钧娥，等. 不锈钢防腐蚀研究的进展[J]. 材料保护，2014，47（06）：52-56.

[21] 刘青. 304不锈钢中典型夹杂物诱发腐蚀行为研究[D]. 北京：北京科技大学，2018.

[22] Chiang M F，Young M C，et al. The corrosion behavior of cold-rolled 304 stainless steel in salt spray environments[J]. Journal of Nuclear Fuel Cycle and Waste Technology（JNFCWT），2011，9（2）.

[23] Badaruddin M，Suudi A，et al. Stress Corrosion Cracking Behavior of Stainless Steel 304 in the Sulfuric Acid Environment Due to Prestrain[J]. Makara Journal of Technology，2010，10（2）：67-71.

[24] 唐峰. 热处理工艺对管用304不锈钢组织与性能的影响[D]. 成都：成都理工大学，2016.

[25] 肖葵，等. 304不锈钢在青岛污染海洋大气环境中的腐蚀寿命预测模型[J]. 材料保护，2019，52（12）：48-55，68.

[26] 骆鸿，等. 304不锈钢在热带海洋大气下暴露实验和加速腐蚀实验研究[J]. 中国腐蚀与防护学报，2013，33（03）：193-198.

[27] 骆鸿，等. 304不锈钢在西沙海洋大气环境中的腐蚀行为[J]. 北京科技大学学报，2013，35（03）：332-338.

[28] 陈昊，周学杰，等. 2种表面处理304不锈钢在文昌和武汉大气环境中的腐蚀行为研究[J]. 材料保护，2021，54（05）：35-41，107.

[29] 张宇，张慧霞，等. 南海大气环境下304不锈钢的点蚀特性研究[J]. 表面技术，2018，47（12）：44-50.

[30] 文佳卉，胡传顺. 316L不锈钢焊缝的点腐蚀行为[J]. 特钢技术，2009，15（02）：12-14.

[31] 王振尧，李巧霞，等. 316L不锈钢在青海盐湖大气环境下的腐蚀行为[C]// 第五届全国腐蚀大会论文集，2009.

[32] Escalada L，Lutz J，et al. Microstructure and corrosion behavior of AISI 316L duplex treated by means of ion nitriding and plasma based ion implantation and deposition[J]. Surface and Coatings Technology，2013，223（0）：41-46.

[33] 甘俊民. 316L钢及其应用[J]. 石油化工设备技术，1992，13（4）：57-60.

[34] 肖纪美. 不锈钢的金属学问题[M]. 北京：冶金工业出版社，1983：25-145.

[35] 孙广成，李艳红，等. 浅谈316L不锈钢材料腐蚀机理与防护[C]// 中国航天电子技术研究院科学技术委员会，2018：173-177.

[36] 范强强. 316L奥氏体不锈钢的腐蚀行为[J]. 全面腐蚀控制，2013，27（11）：39-43.

[37] 阮於珍，张振灿，等. 316型不锈钢的晶间腐蚀性能[J]. 物理测试，2000（6）：4-6.

[38] Beddoes J，Parr J G. Introduction to stainless steels[M]. 3rd. OH，USA：ASM International，Materials Park，1999.

[39] 孙小燕，汪江节，等．晶粒尺寸对316L不锈钢耐晶间腐蚀性能的影响[J]. 特种铸造及有色合金，2014，34（12）：1250-1252.

[40] 董超芳，等．316L不锈钢在西沙海洋大气环境下的腐蚀行为评估[J]. 四川大学学报（工程科学版），2012，44（03）：179-184.

[41] 刘殿宇，王毛毛，等．316L不锈钢在海洋深水环境中的局部腐蚀规律[J]. 装备环境工程，2019，16（01）：102-106.

[42] 郭明晓，潘晨，等．316L不锈钢在中国西部盐湖环境下8年的腐蚀行为[A]. 中国腐蚀与防护学会，2020：2.

[43] 李大朋，等．316L不锈钢在南海环境中的缝隙腐蚀行为研究[J]. 装备环境工程，2021，18（01）：98-103.

[44] 高晓丹，李晶琨，等．固溶温度对2205双相不锈钢组织和硬度的影响[J]. 金属热处理，2021，46（01）：7-10.

[45] 童海生，孙彦辉，等．海工结构用2205双相不锈钢氢致开裂行为研究[J]. 中国腐蚀与防护学报，2019，39（02）：130-137.

[46] Marjetka C，Peter M，et al. Surface analysis of localized corrosion of austenitic 316L and duplex 2205 stainless steels in simulated body solutions[J]. Materials Chemistry and Physics，2011，130（1）：708-713.

[47] Wu W，Liu Z，et al. Influence of different heat-affected zone microstructures on the stress corrosion behavior and mechanism of high-strength low-alloy steel in a sulfurated marine atmosphere[J]. Materials Science and Engineering A，2019，759：124-141.

[48] Tian H，Cheng X，et al. Effect of Mo on interaction between α/γ phases of duplex stainless steel[J]. Electrochim Acta，2018，267：255-268.

[49] Dong C，et al. Bio-functional and anti-corrosive 3D printing 316L stainless steel fabricated by selective laser melting[J]. Materials and Design，2018，152：88-101.

[50] Lv J，Jin H，et al. The effect of electrochemical nitridation on the corrosion resistance of the passive films formed on the 2205 duplex stainless steel[J]. Materials Letters，2019，256：126640.

[51] Zhang T，Zhao Y，et al. Corrosion behaviour of 2205 DSS in the artificial industrial-marine environment[J]. Corrosion Engineering，Science and Technology，2021：56（1）：22-34.

[52] 汪毅聪，胡骞，等．组织配分对双相不锈钢微区极化行为及点蚀抗性的影响[A]. 中国腐蚀与防护学会，2020，5：667-672.

[53] 刘智勇，等．2205不锈钢在模拟深海环境中的应力腐蚀行为研究[A]. 中国腐蚀与防护学会腐蚀电化学及测试方法专业委员会，2014：1.

[54] 赵国仙，王雅倩，等．油田苛刻环境中2205双相不锈钢的腐蚀行为[J]. 机械工程材料，2018，42（02）：82-87.

[55] 姜勇，等．2205双相不锈钢在含溴醋酸环境中的腐蚀行为[J]. 腐蚀与防护，2020，41（03）：32-36.

[56] 张盈盈，张彦军，等．2205双相不锈钢在模拟油田采出液中的点蚀行为[J]. 腐蚀与防护，2021，42（01）：22-24，41.

[57] 高丽飞，杜敏．2205双相不锈钢在淡化海水中的点蚀行为[J]. 装备环境工程，2017，14（02）：11-18.

第4章

文昌海洋大气环境
铝合金的腐蚀行为

4.1 / 1×××系铝合金（1050A和1060）

4.1.1 / 概述

　　1×××系铝合金的铝含量不少于99.0%，又称纯铝系，其牌号三、四位数字表示最低铝百分含量中小数点后面的两位。该系铝合金具有密度小、导电性好、导热性好、熔解潜热大、光反射系数大及外表色泽美观等特性。随着铝的纯度降低，其强度有所提高，而导电性、耐腐蚀性和塑性则会降低。因此，不同牌号的纯铝，用途也不相同。1050A铝合金多用于一般日常生活用具与器皿，1060铝合金则用于制造导线、电缆及电容器等。

　　1×××系铝合金的代表性作用使得其腐蚀性能得到了广泛研究。Cui等[1]对1060铝合金在西沙热带海洋大气环境中暴露48个月的腐蚀行为进行了研究，发现其腐蚀动力学在暴露第9个月发生转折，但两段均可用幂函数$D=At^n$拟合。1060铝合金在暴露1年后腐蚀速率为2.21g/（m²·a），其中氯离子的沉积速率在腐蚀过程中起着重要的作用。在暴露初期，由于腐蚀面积有限，腐蚀受电荷转移过程控制，随着暴露时间的增加，由于腐蚀产物的阻挡作用，速率控制步骤变为扩散控制。天然氧化膜在暴露6个月后就失去了保护作用。虽然腐蚀产物具有良好的防护性能，但新腐蚀区的形成和稳定坑的扩展主导了后续的腐蚀过程。周和荣等[2, 3]在我国江津典型工业污染大气环境中进行了大气暴露试验，测定的1060铝合金的失重数据符合幂函数规律，即 $D=0.022t^{0.7285}$，其腐蚀产物呈块状或者粒状，主要成分为 $Al(OH)_3$ 和 $Al_2(SO_4)_3 \cdot 14H_2O$，其腐蚀是从点蚀开始逐渐发展成为剥蚀。郑弃非等[4] 研究了 1050A-O 铝合金在我国七个典型大气环境试验站 1 年和 10 年两个周期的大气腐蚀行为。该研究结合灰色关联度法分析了污染物和气象因素对 1050A-O 铝合金短期和长期腐蚀速率的影响，发现最大的污染物因素是 SO_2，最大的气象因素是最低温度和平均湿度。1050A-O 铝合金在江津试验站的腐蚀速率最大，1 年的腐蚀速率为 0.46μm/a，10 年的腐蚀速率为 0.40μm/a。刘海霞等[5] 采用周浸试验模拟了 1060 铝合金在我国万宁、西沙两种海洋大气环境中的腐蚀行为，其腐蚀形貌、腐蚀产物组成、腐蚀动力学规律与实际热带海洋大气环境暴露试验结果的相关性较好。该研究基于腐蚀寿命预测方法，得到万宁海洋大气环境中 1060 铝合金服役的室内模拟加速时间模型为 $T_{wn}=146.7t^{1.29}$，西沙的为 $T_{xs}=862.3t^{0.82}$。

 化学成分与力学性能

（1）化学成分　GB/T 3190—2020 规定的化学成分见表4-1。

表4-1　化学成分

牌号	化学成分(质量分数)/%										
	Si	Fe	Cu	Mn	Mg	Zn	Ti	V	其他		Al
									单个	合计	
1050A	0.25	0.40	0.05	0.05	0.05	0.07	0.05	—	0.03	—	99.50
1060	0.25	0.35	0.05	0.03	0.03	0.05	0.03	0.05	0.03	—	99.60

注：1. 表中元素含量为单个数值时，Al 元素含量为最低限，其他元素含量为最高限。
2. 元素栏中"—"表示该位置不规定极限数值，对应元素为非常规分析元素，"其他"栏中"—"表示无极限数值要求。
3. "其他"表示表中未规定极限数值的元素和未列出的金属元素。
4. "合计"表示不少于 0.010% 的"其他"金属元素之和。

（2）力学性能　力学性能见表4-2。

表4-2　力学性能

牌号	热处理状态	厚度/mm	室温拉伸试验结果				弯曲半径②	
			抗拉强度 R_m/MPa	规定非比例延伸强度 $R_{p0.2}$/MPa	断后伸长率①/%			
					A_{50mm}	A	90°	180°
			不小于					
1050A	O	＞0.20～0.50	＞65～95	20	20	—	0t	0t
		＞0.50～1.50			22	—	0t	0t
		＞1.50～3.00			26	—	0t	0t
		＞3.00～6.00			29	—	0.5t	0.5t
		＞6.00～12.50			35	—	1.0t	1.0t
		＞12.50～80.00			—	32	—	—

牌号	热处理状态	厚度/mm	室温拉伸试验结果				弯曲半径[2]	
			抗拉强度 R_m/MPa	规定非比例延伸强度 $R_{p0.2}$/MPa	断后伸长率[1]/%		90°	180°
					A_{50mm}	A		
			不小于					
1060	H24	>0.20~0.30	95	70	1	—	—	—
		>0.30~0.50			2	—	—	—
		>0.50~0.80			2	—	—	—
		>0.80~1.50			4	—	—	—
		>1.50~3.00			6	—	—	—
		>3.00~6.00			10	—	—	—

① 当 A_{50mm} 和 A 两栏均有数值时，A_{50mm} 适用于厚度不大于12.5mm的板材，A 适用于厚度大于12.5mm的板材。全书同。

②"弯曲半径"中的 t 表示板材的厚度，对表中既有90°弯曲也有180°弯曲的产品，当需方未指定采用90°弯曲或180°弯曲时，弯曲半径由供方任选一种。全书同。

注：1.1MPa=1N/mm²。

2.规定非比例延伸强度 R_p 为非比例延伸率等于规定的引伸计标距百分率时的应力。$R_{p0.2}$ 即为规定的引伸计标距0.2%时的应力。

 腐蚀速率

腐蚀速率计算按照标准GB/T 19292.4—2018《金属和合金的腐蚀 大气腐蚀性 第4部分：用于评估腐蚀性的标准试样的腐蚀速率的测定》进行，通过失重法得到腐蚀失重和腐蚀失厚，根据ASTM G45-94（2018）标准对点蚀深度进行测量（表4-3和图4-1）。

表4-3　1050A-O和1060-H24铝合金在文昌户外暴露腐蚀失重和最大点蚀深度

铝合金种类	试验方式	暴露时间							
		0.5年		1年		2年		4年	
		腐蚀失重/(g/m²)	最大点蚀深度/μm	腐蚀失重/(g/m²)	最大点蚀深度/μm	腐蚀失重/(g/m²)	最大点蚀深度/μm	腐蚀失重/(g/m²)	最大点蚀深度/μm
1050A-O	文昌户外	1.47	96.431	2.64	111.095	4.55	121.205	6.09	116.474
1060-H24	文昌户外	1.65	74.327	2.10	80.870	3.60	94.344	5.00	94.069

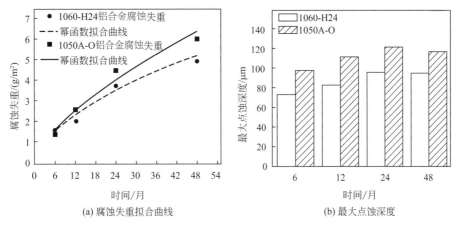

图 4-1　1050A-O 和 1060-H24 铝合金在文昌户外暴露腐蚀失重拟合曲线及最大点蚀深度

对试验数据进行分析，失重与时间的数据符合幂函数规则：

$$D = At^n$$

式中，D 为材料的重量损失，g/m^2；t 为暴露时间，月；A 和 n 为常数。

A 值越高，铝合金的初始腐蚀速率越高。n 反映了锈层的物理化学性质及其与大气环境的相互作用。n 值越小，锈层的保护作用越强。对其进行幂函数拟合（表4-4），R^2 是幂函数拟合相关系数。

表 4-4　幂函数拟合曲线相关参数

牌号	A	n	R^2
1050A-O	0.417	0.7111	0.9806
1060-H24	0.5727	0.5664	0.9718

图4-1和图4-2所示分别为两种1×××系铝合金在文昌户外暴露4年内的腐蚀失重拟合曲线及最大点蚀深度和腐蚀速率变化曲线。48个月时，1050A-O和1060-H24铝合金的失重分别达到6.09g/m²和5.00g/m²，1050A-O和1060-H24铝合金在文昌户外暴露12个月的腐蚀速率分别为2.64g/（m²·a）和2.10g/（m²·a）（表4-5），最大点蚀深度分别为111.095μm和80.870μm。从1050A-O和1060-H24铝合金在暴露过程中腐蚀速率随时间的变化曲线可以看出，1050A-O和1060-H24铝合金均在暴

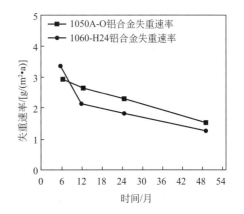

图4-2　1050A-O 和 1060-H24 铝合金在文昌户外暴露不同周期腐蚀速率变化曲线

露初期腐蚀速率最高，且随着时间推移，腐蚀速率呈逐渐下降趋势。对1050A-O铝合金大气腐蚀失重进行幂函数拟合，得拟合函数方程$D=0.417t^{0.7111}$，拟合方程相关系数为0.9806。对1060-H24铝合金大气腐蚀失重进行幂函数拟合，得拟合函数方程$D=0.5727t^{0.566}$。两种铝合金幂函数中n值均小于1，表明其锈层对铝合金具有一定的保护性。

表4-5　1050A-O和1060-H24铝合金在文昌户外暴露不同时间腐蚀速率

铝合金种类	试验方式	失重速率/[g/(m² · a)]			
		0.5年	1年	2年	4年
1050A-O	文昌户外	2.94	2.64	2.28	1.52
1060-H24	文昌户外	3.29	2.10	1.80	1.25

4.1.4　腐蚀形貌

图4-3和图4-4分别为1050A-O和1060-H24铝合金在文昌户外暴露不同时间后的宏观腐蚀形貌图。从整体来看，两种铝合金的腐蚀均以点蚀为主，且尺寸较小，暴露6个月后，铝合金表面出现斑点状的腐蚀产物，随着暴露时间的延长，两种铝合金的金属光泽逐渐消失，腐蚀产物不断增多。暴露48个月后，两种铝合金表面颜色变暗，彻底失去金属光泽，但腐蚀产物依然没有覆盖整个表面，整个暴露过程中始终表现为局部腐蚀。对比正、反面的腐蚀情况可以发现，两种铝合金反面金属光泽消失较慢，腐蚀产物堆积更多。

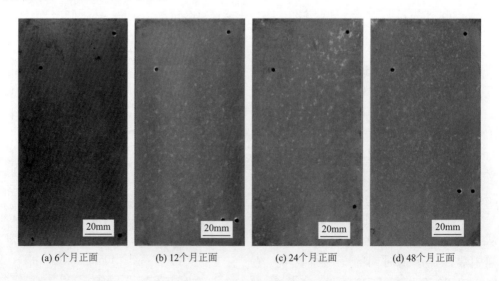

(a) 6个月正面　　(b) 12个月正面　　(c) 24个月正面　　(d) 48个月正面

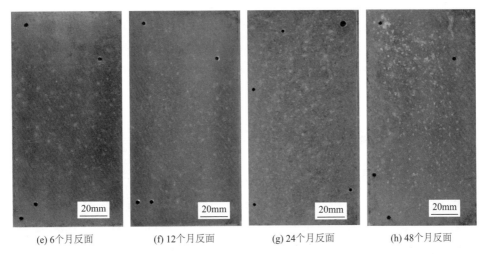

(e) 6个月反面   (f) 12个月反面   (g) 24个月反面   (h) 48个月反面

图 4-3 1050A-O 铝合金在文昌户外暴露不同时间后正、反面的宏观腐蚀形貌

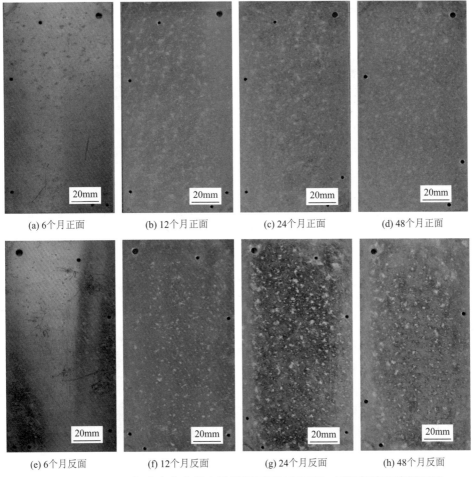

(a) 6个月正面   (b) 12个月正面   (c) 24个月正面   (d) 48个月正面

(e) 6个月反面   (f) 12个月反面   (g) 24个月反面   (h) 48个月反面

图 4-4 1060-H24 铝合金在文昌户外暴露不同时间后正、反面的宏观腐蚀形貌

　　图4-5是1050A-O和1060-H24铝合金在暴露6和48个月后去除腐蚀产物后的蚀坑深度腐蚀形貌图。从图4-5可以看出，暴露6个月后，铝合金表面已经出现点蚀坑，直径可达90μm。随着暴露时间的延长，点蚀坑的直径略有增大，暴露48个月时，直径可达120μm，同时发生部分点蚀坑连点成面，腐蚀面积也有所增大。

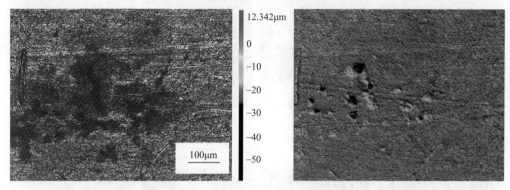

(a) 1050A-O 6个月

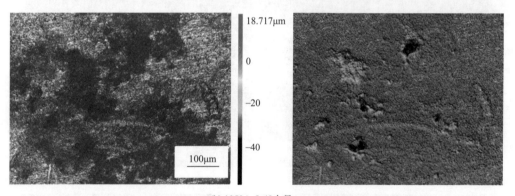

(b) 1050A-O 48个月

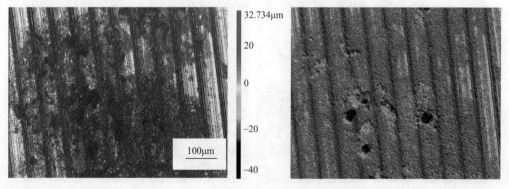

(c) 1060-H24 6个月

(d) 1060-H24 48个月

图4-5 1050A-O 和1060-H24铝合金在文昌户外暴露不同时间后
去除腐蚀产物的蚀坑深度腐蚀形貌

4.1.5 / 腐蚀产物

图4-6和图4-7所示分别为1050A-O和1060-H24铝合金在文昌户外暴露6、12、24

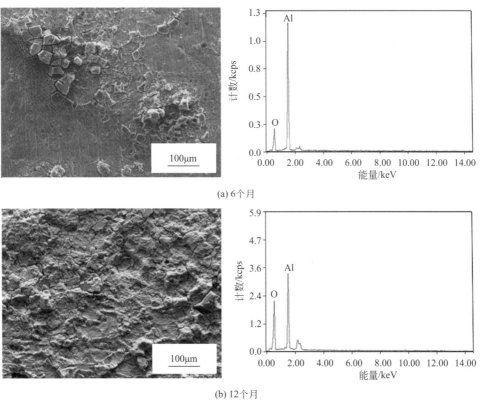

(a) 6个月

(b) 12个月

图4-6

(c) 24个月

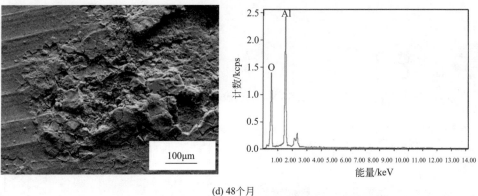

(d) 48个月

图4-6 1050A-O 铝合金在文昌户外暴露不同时间后的腐蚀产物微观形貌和能谱结果

和48个月后腐蚀产物的微观形貌和能谱结果。从腐蚀形貌和能谱结果可看出，其表面腐蚀产物主要由Al和O元素组成。暴露初期，铝表面的腐蚀产物主要呈块状，零星分布在基体表面。暴露中期，试样表面腐蚀产物明显增多，同时裂纹也增多。暴露后期，腐蚀产物增多后相互连接堆积，同时出现大面积脱落。

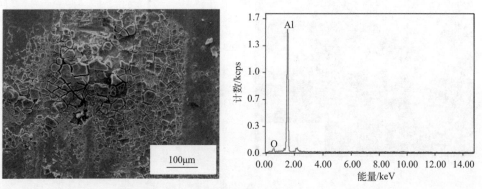

(a) 6个月

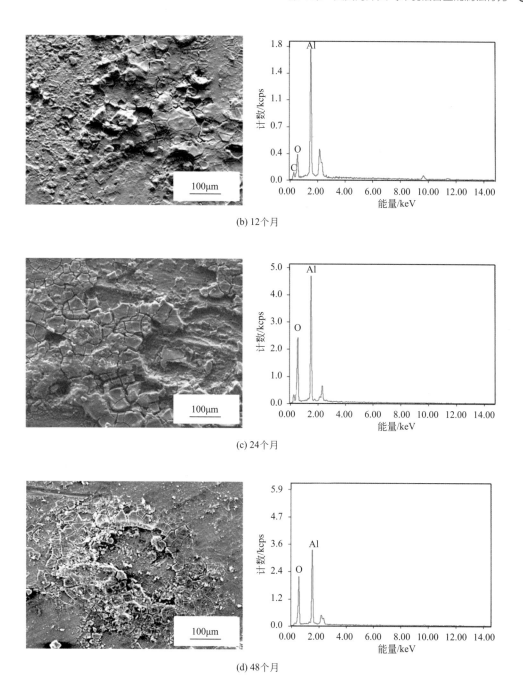

(b) 12个月

(c) 24个月

(d) 48个月

图4-7　1060-H24铝合金在文昌户外暴露不同时间后的腐蚀产物微观形貌和能谱结果

图4-8所示为1050A-O和1060-H24铝合金在文昌户外分别暴露6、12、24和48个月后的表面腐蚀产物的XRD分析结果。从峰的位置来看，1050A-O和1060-H24铝合金表面腐蚀产物均主要为Al_2O_3和AlO(OH)。

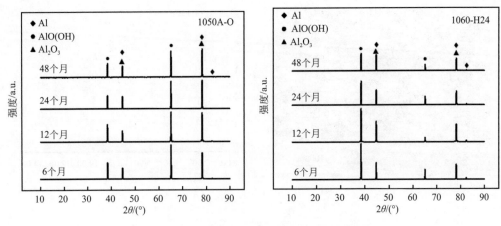

图4-8 1050A-O和1060-H24铝合金在文昌户外
暴露不同时间后的腐蚀产物XRD图谱

4.2 2×××系铝合金（2A12）

4.2.1 概述

2×××系铝合金指Al-Cu合金，铜含量主要在3%～5%，因其强度高、重量轻及良好的锻造性、焊接性，已被广泛应用于航天、航空领域，作为结构用材使用，合金中铜含量直接影响其性能。2A12铝合金是其中一个典型，其经固溶时效处理后在晶界处析出$CuAl_2$、$CuMgAl_2$以及Al_6Mg等强化相，从而获得更高的强度和硬度。但是$CuAl_2$等强化相属于阳极成分，在复杂的服役环境中往往优先溶解，甚至发展成为剥蚀，这对材料防腐是极其不利的。因此，探究2A12铝合金在复杂服役环境下的腐蚀行为及其机理具有重要的现实意义[6]。

目前，对2A12铝合金的大气腐蚀进行了一系列研究。Cui等[7]研究了2A12铝合金在热带海洋大气环境中4年的腐蚀行为。2A12铝合金的失重在对数-对数坐标下可以很好地拟合为两个线性段，这是由于腐蚀产物的演化。EIS（电化学阻抗谱）结果表明，暴露12个月以上的试样形成的腐蚀产物层具有良好的阻挡作用。随着暴露时间的延长，腐蚀形貌由点蚀转变为严重的晶间腐蚀，导致力学性能下降。Li等[8]研究了2A12铝合金在热带海洋大气环境中的腐蚀情况，发现该合金主要发生了点蚀，其腐蚀产物中含有Al_2O_3、$Al(OH)_3$、$AlO(OH)$，同时还有$AlCl_3$、$CaCO_3$。腐蚀产物虽有一定保护性，但同样受氯离子侵蚀。周和荣等[2]研究了2A12铝合金在我国江津典型工业污染大气环境中的腐蚀速率，表明腐蚀失重与时间呈现幂函数规律，即

$D=0.0504t^{0.7391}$。李慧艳等[9]研究了2A12铝合金在吐鲁番干热大气环境中的腐蚀行为和机理。2A12铝合金的腐蚀速率为0.21μm/a，暴露一年时，表面覆盖有一层白色腐蚀产物，下部合金基体发生了点蚀，腐蚀产物的主要成分为铝的氧化物和氢氧化物。电化学结果表明其腐蚀产物层的电阻较大。Sun等[10]研究了2A12铝合金在海洋大气环境中长期的腐蚀行为，研究表明挤压型铝合金发生了严重的剥落腐蚀，随着剥落腐蚀的发生，材料力学性能急剧下降。汪笑鹤等[11]采用大气环境检测腐蚀（ACM）技术与腐蚀挂片法研究了2A12铝合金在盐雾环境中的腐蚀行为，所得的结果基本一致，两种高技术具有良好的相关性。张腾等[12]在海南万宁地区开展了2A12-T4铝合金暴露7年、12年和20年的大气腐蚀试验。以结构最小剩余厚度值作为腐蚀特征量，发现2A12-T4铝合金大气腐蚀特征量服从正态分布，大气腐蚀7年后处于点蚀、晶间腐蚀、剥蚀的过渡期，12年后发生全面剥蚀，20年后腐蚀已相当严重且伴随着点蚀。实际应用环境中常发生晶间腐蚀的铝合金主要是Al-Cu合金和Al-Cu-Mg合金等，主要是由于$CuAl_2$相的晶界沉淀而形成的贫Cu引起的。

4.2.2　化学成分与力学性能

（1）化学成分　GB/T 3190—2020规定的化学成分见表4-6。

表4-6　化学成分

牌号	化学成分(质量分数)/%												备注
	Si	Fe	Cu	Mn	Mg	Ni	Zn	Ti	Fe+Ni	其他		Al	
										单个	合计		
2A12	0.50	0.50	3.8~4.9	0.30~0.9	1.2~1.8	0.10	0.30	0.15	0.50	0.05	0.10	余量	LY12

（2）力学性能　力学性能见表4-7。

表4-7　力学性能

牌号	热处理状态	厚度/mm	室温拉伸试验结果				弯曲半径	
			抗拉强度 R_m/MPa	规定非比例延伸强度 $R_{p0.2}$/MPa	断后伸长率/%		90°	180°
					A_{50mm}	A		
			不小于					
2A12	T4	>0.50~3.00	405	270	13	—	—	—
		>3.00~4.50	425	275	12	—	—	—
		>4.50~10.00	425	275	12	—	—	—

/ 腐蚀速率

腐蚀速率计算按照标准GB/T 19292.4—2018《金属和合金的腐蚀 大气腐蚀性 第4部分：用于评估腐蚀性的标准试样的腐蚀速率的测定》进行，通过失重法得到腐蚀失重和腐蚀失厚，通过ASTM G45-94（2018）标准中的相关方法测量点蚀深度（表4-8和图4-9）。

表4-8　2A12-T4铝合金在文昌户外暴露腐蚀失重和最大点蚀深度

品种	试验方式	暴露时间							
		0.5年		1年		2年		4年	
		腐蚀失重/(g/m²)	最大点蚀深度/μm	腐蚀失重/(g/m²)	最大点蚀深度/μm	腐蚀失重/(g/m²)	最大点蚀深度/μm	腐蚀失重/(g/m²)	最大点蚀深度/μm
2A12-T4	文昌户外	13.75	26.269	20.24	46.411	28.14	52.887	33.50	53.022

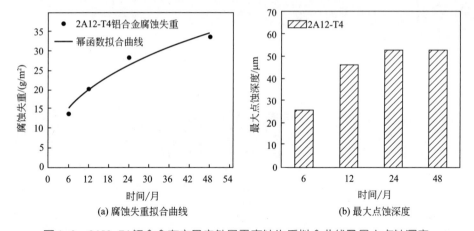

(a) 腐蚀失重拟合曲线　　　　　　(b) 最大点蚀深度

图4-9　2A12-T4铝合金在文昌户外暴露腐蚀失重拟合曲线及最大点蚀深度

对试验数据进行分析，失重与时间的数据符合幂函数规则：

$$D=At^n$$

式中，D 为材料的重量损失，g/m²；t 为暴露时间，月；A 和 n 为常数。

A 值越高，铝合金的初始腐蚀速率越高。n 反映了锈层的物理化学性质及其与大气环境的相互作用。n 值越小，锈层的保护作用越强。对其进行幂函数拟合（表4-9），R^2 是幂函数拟合相关系数。

表4-9　幂函数拟合曲线相关参数

参数	A	n	R^2
值	6.6388	0.4333	0.9746

图4-9和图4-10所示分别为2A12-T4铝合金在文昌户外暴露4年内的腐蚀失重拟合曲线及最大点蚀深度和腐蚀速率变化曲线。在第48个月时，2A12-T4的失重达到33.50g/m²，2A12-T4铝合金在文昌户外暴露12个月腐蚀速率和最大点蚀深度分别为20.24g/（m²·a）（表4-10）和46.411μm（表4-8）。从2A12-T4铝合金在暴露过程中腐蚀速率随时间的变化曲线可以看出，2A12-T4铝合金在暴露初期腐蚀速率最高，且随着时间推移，腐蚀速率呈逐渐下降的趋势。对其大气腐蚀失重进行幂函数拟合，得其拟合函数方程$D=6.6388t^{0.4333}$，拟合方程相关系数为0.9746。n值小于1，表明其锈层对铝合金具有一定的保护性。

表4-10　2A12-T4铝合金在文昌户外暴露不同时间腐蚀速率

牌号	试验方式	失重速率/[g/(m²·a)]			
		0.5年	1年	2年	4年
2A12-T4	文昌户外	27.50	20.24	14.07	8.38

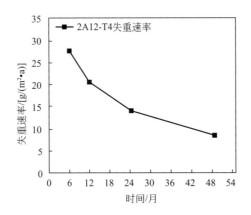

图4-10　2A12-T4铝合金在文昌户外暴露不同时间腐蚀速率变化曲线

 腐蚀形貌

图4-11所示为2A12-T4铝合金在文昌海洋大气环境中暴露不同时间后的宏观腐蚀形貌。从整体来看，2A12-T4铝合金的腐蚀以点蚀为主，且尺寸较小。2A12-T4铝合金暴露6个月后，表面出现斑点状的白色腐蚀产物，随着暴露时间的延长，表面金属光泽逐渐消失，腐蚀产物不断增多。暴露48个月之后，表面颜色变暗，彻底失去金属光泽，腐蚀产物依然没有覆盖整个表面，整个暴露过程中始终表现为局部腐蚀。对比正、反面的腐蚀情况可以发现，反面腐蚀更为严重，点蚀坑范围更为分散，腐蚀产物堆积更多。

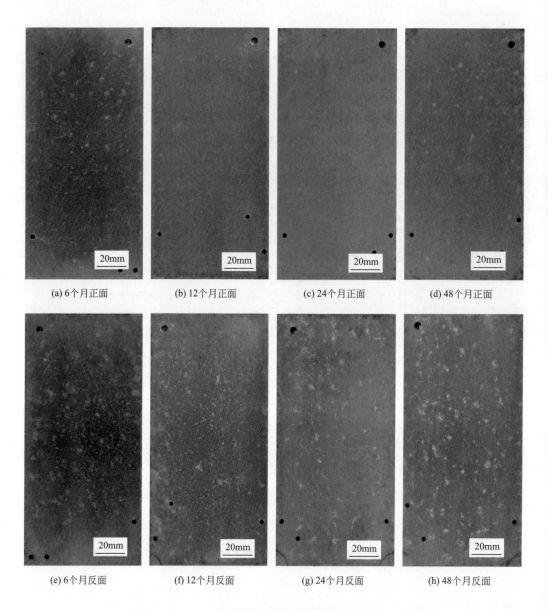

(a) 6个月正面　　　　(b) 12个月正面　　　　(c) 24个月正面　　　　(d) 48个月正面

(e) 6个月反面　　　　(f) 12个月反面　　　　(g) 24个月反面　　　　(h) 48个月反面

图4-11　2A12-T4铝合金在文昌户外暴露不同时间后正、
反面的宏观腐蚀形貌

图4-12是2A12-T4铝合金在暴露6和48个月后去除腐蚀产物后的蚀坑深度腐蚀形貌图。从图4-12可以看出，暴露6个月后，铝合金表面已经出现点蚀坑，直径可达75μm。随着暴露时间的延长，点蚀坑的直径略有增大，同时发生部分点蚀坑连点成面，腐蚀面积也有所增大。

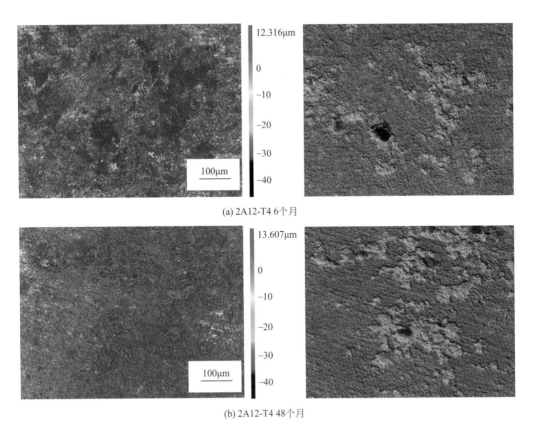

(a) 2A12-T4 6个月

(b) 2A12-T4 48个月

图4-12　2A12-T4铝合金在文昌户外暴露不同时间后去除腐蚀产物后的蚀坑深度腐蚀形貌

4.2.5 腐蚀产物

图4-13所示为2A12-T4铝合金在文昌户外暴露6、12、24和48个月后的表面微观形貌和能谱结果。从腐蚀形貌和能谱结果可以看出，其表面腐蚀产物主要由Al和

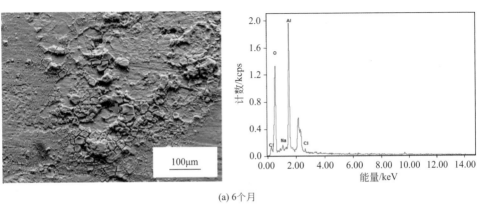

(a) 6个月

图4-13

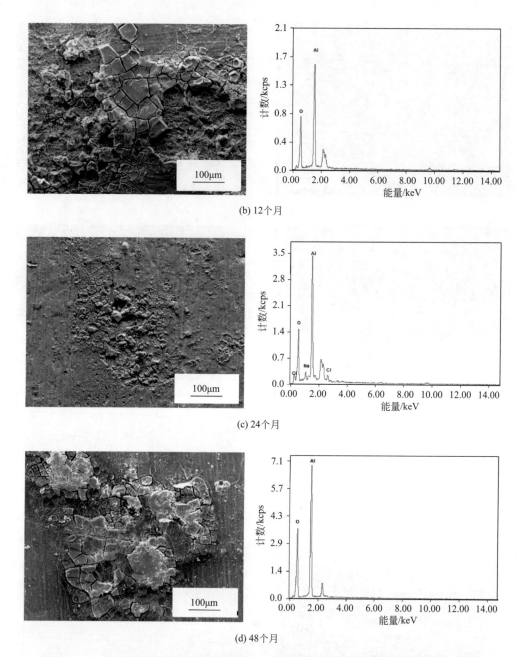

(b) 12个月

(c) 24个月

(d) 48个月

图4-13　2A12-T4铝合金在文昌户外暴露不同时间后的腐蚀产物微观形貌和能谱结果

O元素组成，同时还有部分Cl和Na元素。腐蚀初期，铝合金表面的腐蚀产物较少，腐蚀程度较轻微。经过12个月暴露后，铝合金表面开始出现大面积腐蚀，腐蚀产物主要呈块状，零星分布在基体表面。而暴露48个月后，腐蚀产物增多后相互连接堆积，同时出现大面积脱落。

图4-14所示为2A12-T4铝合金在文昌户外分别暴露6、12、24和48个月后的表面腐蚀产物的XRD分析结果。从峰的位置来看，2A12-T4铝合金表面腐蚀产物主要为Al_2O_3和$AlO(OH)$。

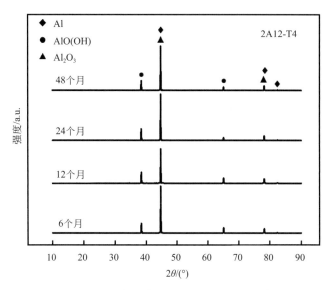

图4-14　2A12-T4铝合金在文昌户外暴露不同时间后的腐蚀产物XRD图谱

4.3　5×××系铝合金（5A02和5083）

4.3.1　概述

5×××系铝合金是Al-Mg系铝合金，含有少量的Mn、Cr及微量的杂质元素Fe。它是一种非热处理强化的铝合金，其强度主要取决于Mg含量和形变强化程度，强化作用通过加工硬化获得，同时Mg原子固溶于铝基体中，也能形成固溶强化。该合金具有接近普通钢板的强度，成型性、耐腐蚀性和焊接性较好，被广泛用于汽车和船舶工业[13-16]。

近年来，许多研究者对5×××系铝合金的户外大气腐蚀进行了研究。黄桂桥[17]开展了10种铝合金在青岛海水飞溅区暴露16年的腐蚀试验，总结了铝合金在海洋大气环境中的腐蚀情况。试验发现铝合金在海洋大气环境中出现点蚀行为，腐蚀严重的会出现剥蚀。其中，与其他铝合金相比，5×××系铝合金耐腐蚀性较强。彭文山等研究了5083铝合金在不同海区环境中的腐蚀情况，发现三片海区中5083-H111和5083-H116铝合金的腐蚀速率以舟山海区最大，三亚海区次之，青岛海区最小。邢士波[18]

在西沙群岛高温、高湿的海洋大气环境中对5A02铝合金进行了4年的暴露试验，研究了5A02铝合金在该环境自然暴露的腐蚀行为，完成了环境谱编制和室内加速腐蚀试验，分析了自然环境暴露与室内加速腐蚀试验之间的相关性，建立了一套较为系统的铝合金加速腐蚀试验方法。研究结果表明，5A02铝合金在西沙严酷海洋大气环境中发生点蚀，随着暴露时间延长，铝合金表面的金属光泽消失，耐腐蚀能力下降。铝合金在西沙严酷海洋大气环境中暴露后形成的主要腐蚀产物为Al_2O_3、$Al(OH)_3$和$AlO(OH)$。

 4.3.2 ／ 化学成分与力学性能

（1）化学成分　GB/T 3190—2020规定的化学成分见表4-11。

表4-11　化学成分

| 牌号 | 化学成分(质量分数)/% | | | | | | | | | 其他 | | Al | 备注 |
	Si	Fe	Cu	Mn	Mg	Cr	Zn	Ti	Si+Fe	单个	合计		
5A02	0.40	0.40	0.10	0.15～0.40	2.0～2.8	—	—	0.15	0.60	0.05	0.15	余量	LF2
5083	0.40	0.40	0.10	0.40～1.0	4.0～4.9	0.05～0.25	0.25	0.15	—	0.05	0.15	余量	—

（2）力学性能　力学性能见表4-12。

表4-12　力学性能

牌号	热处理状态	厚度/mm	室温拉伸试验结果				弯曲半径	
			抗拉强度 R_m/MPa	规定非比例延伸强度 $R_{p0.2}$/MPa	断后伸长率/%			
					A_{50mm}	A	90°	180°
			不小于					
5A02	O	＞0.50～1.00	165～225	—	17	—	—	—
		＞1.00～10.00			19	—	—	—
5083	H111	＞6.30～12.50	270～345	115	16	—	2.5t	—
		＞12.50～50.00			—	15	—	—
		＞50.00～80.00			—	14	—	—
		＞80.00～120.00	260	110	—	12	—	—
		＞120.00～200.00	255	105	—	12	—	—
	H116	1.50～3.00	305	215	8	—	2.0t	—
		＞3.00～6.00			10	—	2.5t	—
		＞6.00～12.50			12	—	4.0t	—
		＞12.50～40.00			—	10	—	—
		＞40.00～80.00	285	200	—	10	—	—

4.3.3 / 腐蚀速率

腐蚀速率计算按照标准 GB/T 19292.4—2018《金属和合金的腐蚀 大气腐蚀性 第4部分：用于评估腐蚀性的标准试样的腐蚀速率的测定》进行，通过失重法得到腐蚀失重和腐蚀失厚，通过 ASTM G45-94（2018）标准中的相关方法测量点蚀深度（表 4-13 和图 4-15）。

表 4-13　5A02-O、5083-H111 和 5083-H116 铝合金在文昌户外暴露腐蚀失重和最大点蚀深度

牌号	试验方式	暴露时间							
		0.5 年		1 年		2 年		4 年	
		腐蚀失重 /(g/m²)	最大点蚀深度 /μm	腐蚀失重 /(g/m²)	最大点蚀深度 /μm	腐蚀失重 /(g/m²)	最大点蚀深度 /μm	腐蚀失重 /(g/m²)	最大点蚀深度 /μm
5A02-O	文昌户外	1.29	64.168	1.49	93.085	2.00	139.101	3.33	162.572
5083-H111	文昌户外	1.28	43.366	2.15	105.103	3.28	140.236	4.32	151.235
5083-H116	文昌户外	1.72	38.024	2.18	61.166	3.15	134.035	4.10	136.214

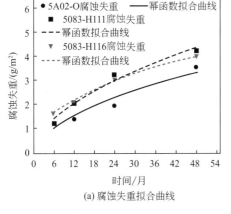

(a) 腐蚀失重拟合曲线

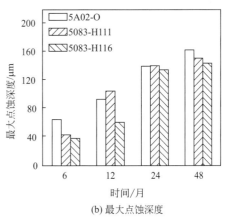

(b) 最大点蚀深度

图 4-15　5A02-O、5083-H111 和 5083-H116 铝合金在文昌户外暴露腐蚀失重拟合曲线及最大点蚀深度

对试验数据进行分析，失重与时间的数据符合幂函数规则：

$$D=At^n$$

式中，D 为材料的重量损失，g/m²；t 为暴露时间，月；A 和 n 为常数。

A 值越高，铝合金的初始腐蚀速率越高。n 反映了锈层的物理化学性质及其与大气环境的相互作用。n 值越小，锈层的保护作用越强。对其进行幂函数拟合

（表4-14），R^2是幂函数拟合相关系数。

表4-14　幂函数拟合曲线相关参数

牌号	A	n	R^2
5A02-O	0.5222	0.4545	0.9373
5083-H111	0.4733	0.5875	0.9842
5083-H116	0.7829	0.4289	0.9937

图4-15和图4-16所示分别为三种5×××系铝合金在文昌户外暴露4年内的腐蚀失重拟合曲线及最大点蚀深度和腐蚀速率变化曲线。暴露48个月时，5A02-O、5083-H111和5083-H116三种铝合金的腐蚀失重分别达到3.33g/m²、4.32g/m²和4.10g/m²。5A02-O、5083-H111和5083-H116三种铝合金在文昌户外暴露12个月的腐蚀速率分别为1.49g/(m²·a)、2.15g/(m²·a)和2.18g/(m²·a)（表4-15），最大点蚀深度分别为93.085μm、105.103μm和61.166μm。从5A02-O、5083-H111和5083-H116三种铝合金在暴露过程中腐蚀速率随时间的变化曲线可以看出，5A02-O、5083-H111和5083-H116三种铝合金在暴露初期腐蚀速率均为最高，且随着时间推移，腐蚀速率呈逐渐下降的趋势。对5A02-O铝合金大气腐蚀失重进行幂函数拟合，得其拟合函数方程$D=0.5222t^{0.4545}$，拟合方程相关系数为0.9373。n值小于1，表明其锈层对铝合金具有一定的保护性。对5083-H111铝合金大气腐蚀失重进行幂函数拟合，得其拟合函数方程$D=0.4733t^{0.5875}$，拟合方程相关系数为0.9842。n值小于1，表明其锈层对铝合金具有一定的保护性。对5083-H116铝合金大气腐蚀失重进行幂函数拟合，得其拟合函数方程$D=0.7829t^{0.4289}$，拟合方程相关系数为0.9937。n值小于1，表明其锈层对铝合金具有一定的保护性。

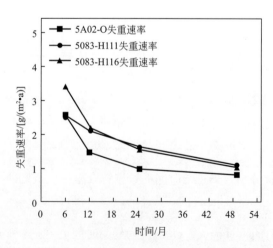

图4-16　5A02-O、5083-H111和5083-H116铝合金在
文昌户外暴露不同时间腐蚀速率变化曲线

表 4-15　5A02-O、5083-H111 和 5083-H116 铝合金在文昌户外暴露不同时间腐蚀速率

牌号	试验方式	失重速率/[g/(m²·a)]			
		0.5 年	1 年	2 年	4 年
5A02-O	文昌户外	2.58	1.49	1.00	0.83
5083-H111	文昌户外	2.56	2.15	1.64	1.08
5083-H116	文昌户外	3.44	2.18	1.58	1.03

4.3.4 ／ 腐蚀形貌

图 4-17 ～图 4-19 分别为 5A02-O、5083-H111 和 5083-H116 铝合金在文昌户外暴露

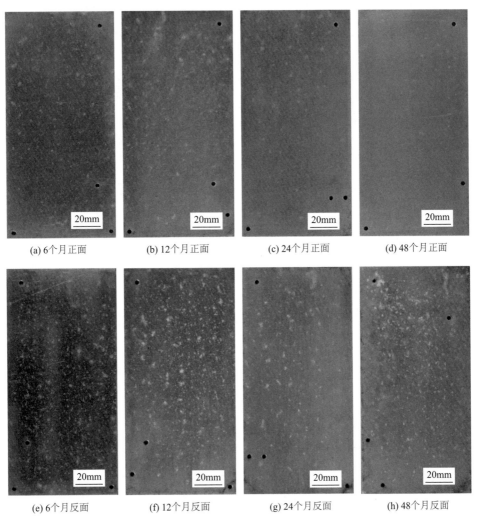

(a) 6个月正面　　　(b) 12个月正面　　　(c) 24个月正面　　　(d) 48个月正面

(e) 6个月反面　　　(f) 12个月反面　　　(g) 24个月反面　　　(h) 48个月反面

图 4-17　5A02-O 铝合金在文昌户外暴露不同时间后正、反面的宏观腐蚀形貌

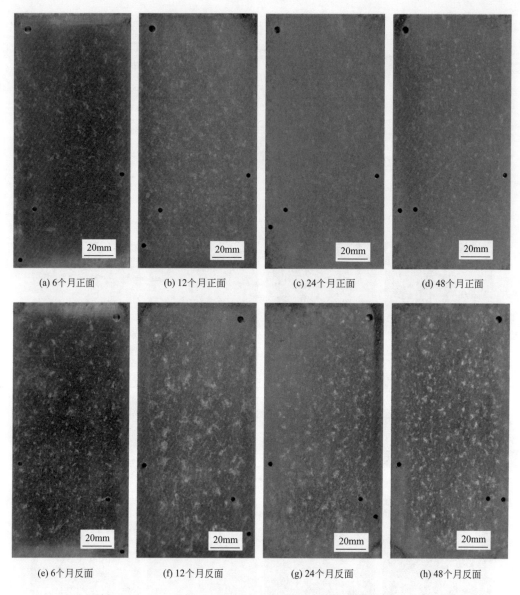

(a) 6个月正面　　(b) 12个月正面　　(c) 24个月正面　　(d) 48个月正面

(e) 6个月反面　　(f) 12个月反面　　(g) 24个月反面　　(h) 48个月反面

图4-18　5083-H111铝合金在文昌户外暴露不同时间后
正、反面的宏观腐蚀形貌

6、12、24和48个月后的表面宏观腐蚀形貌图。从整体来看，三种铝合金的腐蚀均以点蚀为主，且尺寸较小，随着暴露时间的延长，三种铝合金表面金属光泽均逐渐消失，腐蚀产物不断增多。暴露6个月后，表面出现斑点状的腐蚀产物，金属光泽变暗。暴露至12个月时，表面的白色腐蚀产物增多，表面金属光泽逐渐变淡。暴露24个月后，表面腐蚀产物继续增多，并在边角和棱边出现明显的长条状锈蚀区。

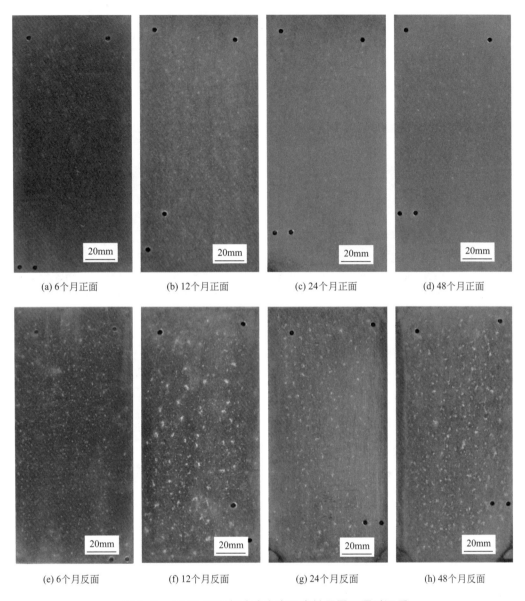

(a) 6个月正面　　(b) 12个月正面　　(c) 24个月正面　　(d) 48个月正面

(e) 6个月反面　　(f) 12个月反面　　(g) 24个月反面　　(h) 48个月反面

图4-19　5083-H116铝合金在文昌户外暴露不同时间后
正、反面的宏观腐蚀形貌

暴露48个月后，表面颜色彻底变暗，失去金属光泽，但腐蚀产物依然没有覆盖整个表面，整个暴露过程中始终表现为局部腐蚀。对比正、反面的腐蚀情况可以发现，三种铝合金的背面较正面腐蚀均更为严重，腐蚀产物堆积更多，且在背面能看到浅显的水痕。

图4-20是5A02-O、5083-H111和5083-H116铝合金在暴露6和48个月后去除腐

蚀产物后的蚀坑深度腐蚀形貌图。从图4-20可以看出，暴露6个月后，铝合金表面已经出现点蚀坑，但数量较少，直径在50μm左右。随着暴露时间的延长，点蚀坑的直径略有增大，同时点蚀坑的数量增多。暴露48个月时，最大直径为80μm，同时发生部分点蚀坑连点成面，腐蚀面积也有所增大。

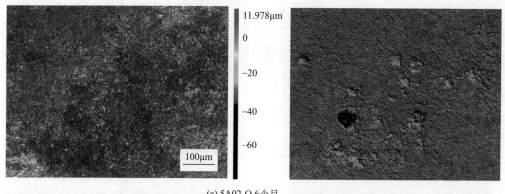

(a) 5A02-O 6个月

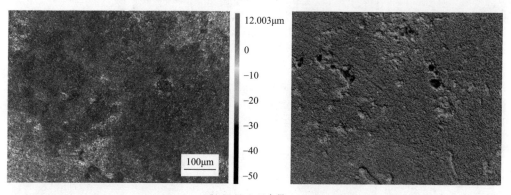

(b) 5A02-O 48个月

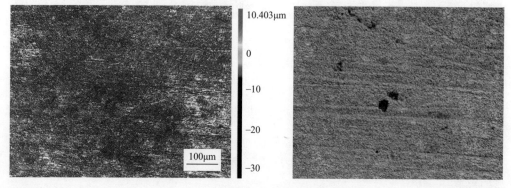

(c) 5083-H111 6个月

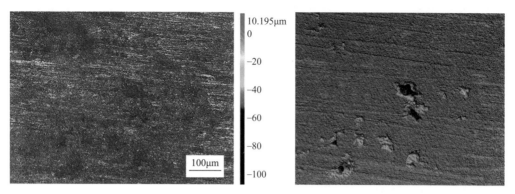

(d) 5083-H111 48个月

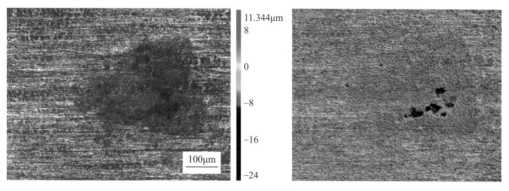

(e) 5083-H116 6个月

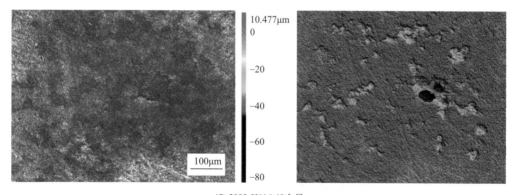

(f) 5083-H116 48个月

图4-20　5083-H116铝合金在文昌户外暴露不同时间后去清除腐蚀产物的蚀坑深度腐蚀形貌

4.3.5 腐蚀产物

图4-21～图4-23分别为5A02-O、5083-H111和5083-H116铝合金在文昌户外暴露6、12、24和48个月后的表面微观形貌和能谱结果图。从腐蚀形貌和能谱结果可

看出，三种铝合金在文昌户外暴露的腐蚀产物基本相同，腐蚀产物中主要含有Al、O、Cl、Na、Mg、Si和C元素。

从图4-21中可看出，5A02-O铝合金暴露6个月后，试样表面出现少量块状的腐蚀产物，分布不均匀；暴露12个月后，腐蚀产物增多，开始聚集在一起，并由于内应力的作用，伴有裂纹的产生；暴露24和48个月后，腐蚀产物连接成片，呈团簇状，覆盖面积增大，并带有明显的裂纹。

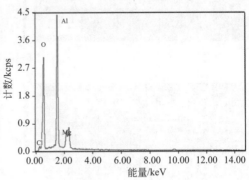

(a) 6个月

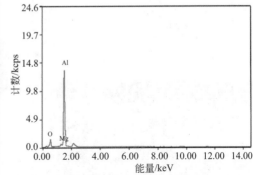

(b) 12个月

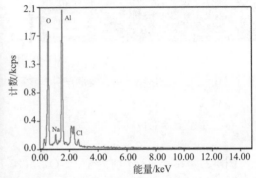

(c) 24个月

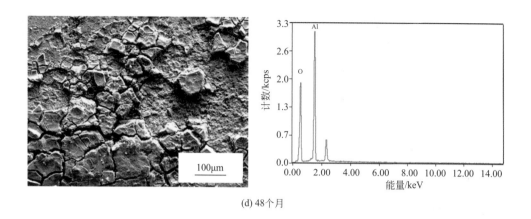

(d) 48个月

图 4-21 5A02-O 铝合金在文昌户外暴露不同时间后腐蚀产物微观形貌和能谱结果

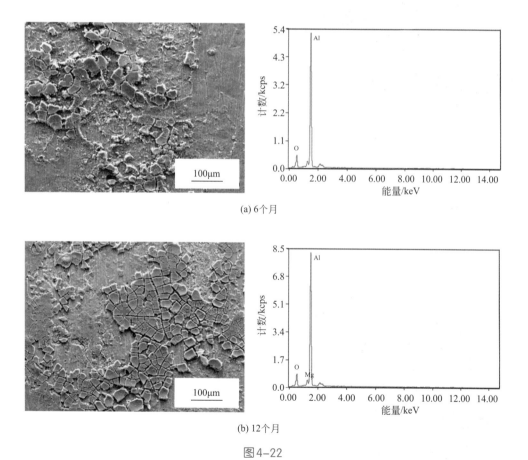

(a) 6个月

(b) 12个月

图 4-22

(c) 24个月

(d) 48个月

图4-22 5083-H111铝合金在文昌户外暴露不同时间后的腐蚀产物微观形貌和能谱结果

从图4-22中可看出，5083-H111铝合金暴露6个月后，试样表面出现块状的腐蚀产物，分布不均匀，试样表面凹凸不平。此外，在试样表面还可看到少量点状产物；暴露12个月后，腐蚀产物增多，试样表面粗糙度增加，腐蚀产物聚集在一起，并由于内应力的作用，伴有裂纹的产生；暴露24和48个月后，腐蚀产物扩展成大块的团簇产物，覆盖面积增大，带有明显的裂纹。此外，从图4-22中可以看出，在暴露后期，腐蚀产物的形貌变化不大。

(a) 6个月

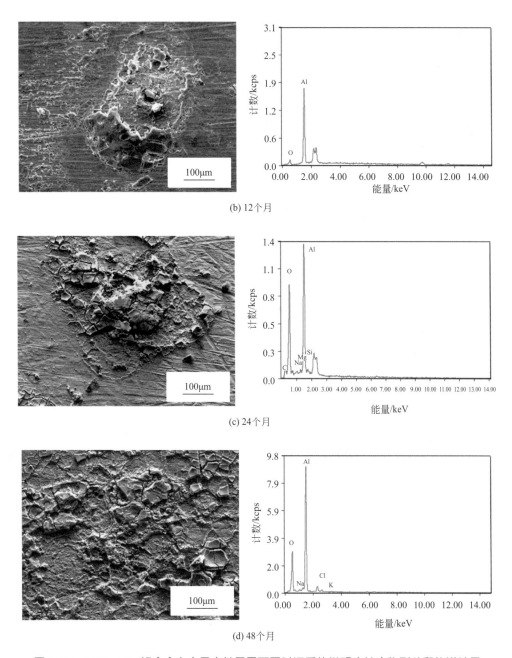

(b) 12个月

(c) 24个月

(d) 48个月

图4-23　5083-H116铝合金在文昌户外暴露不同时间后的微观腐蚀产物形貌和能谱结果

从图4-23中可看出，5083-H116铝合金暴露6个月后，试样表面出现不规则的腐蚀产物；暴露12和24个月后，腐蚀产物增多，开始聚集在一起，并伴有裂纹的产生。暴露48个月后，腐蚀产物覆盖面积增大，不规则块状腐蚀产物堆积在一起，带有明显的裂纹，与5083-H111铝合金暴露后期的腐蚀产物形貌类似。

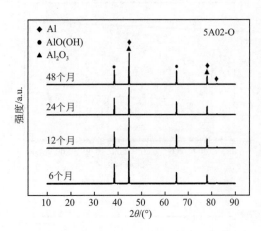

图4-24所示是5A02-O、5083-H111和5083-H116铝合金在文昌户外分别暴露6、12、24和48个月后的表面腐蚀产物的XRD测试分析结果。从峰的位置来看，所测出的峰具有很好的重合性，说明所产生的腐蚀产物具有很好的一致性。从检测结果来看，5A02-O、5083-H111和5083-H116铝合金的腐蚀产物相同，主要由Al_2O_3和AlO（OH）组成，表明三种铝合金在文昌户外暴露腐蚀产物的形成过程基本一致。

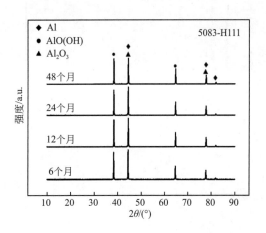

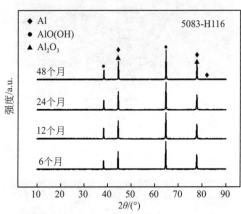

图4-24　5A02-O、5083-H111和5083-H116铝合金
在文昌户外暴露不同时间后的XRD图谱

4.4　6×××系铝合金（6061、6063和6082）

4.4.1　概述

6×××系铝合金中主要合金元素是Mg和Si，除了形成Mg_2Si强化相，过剩的Si还会与杂质Fe形成AlFeSi相。6×××系列铝合金不仅具有密度低、易成型、耐腐蚀性好等优点[19]，还具有良好的热塑性及理想的综合力学性能，容易氧化着色[20]，因而被广泛用于工业型材、汽车及建筑行业[21]。

杨浪等[22]对6061铝合金在模拟工业-海洋大气环境中的腐蚀行为进行了研究，发现6061铝合金的腐蚀由点蚀引起，随腐蚀时间延长，腐蚀点增多，腐蚀区域无规则地沿纵向和横向扩展，连接成片，形成龟裂状腐蚀产物；同时，试样表面发生晶间腐蚀，随腐蚀时间延长，晶间腐蚀深度增加，8个周期后最深达到80μm，此时试样伸长率下降幅度达26%，断裂机理发生改变，点蚀和晶间腐蚀导致其韧性断裂转变为解理脆性断裂。林德源[23]通过盐雾试验模拟沿海大气环境，研究了6082-T6铝合金的腐蚀行为及机理，结果表明：6082-T6铝合金的腐蚀失重与腐蚀时间的关系可用幂函数表示，即 $D = 0.44t^{0.45}$；腐蚀试验初期，氯离子促使铝合金发生点蚀，随后点蚀产物逐渐汇聚堆叠，进入全面腐蚀阶段；随着腐蚀时间延长，腐蚀产物层的孔隙减小且厚度不断增加；当腐蚀试验时间至20～30天时，外层腐蚀产物的侵蚀溶解占主导地位，使其厚度减小且变为疏松的棱状堆叠；进一步延长腐蚀时间，表面的腐蚀产物转变为致密堆叠的层片状。Yang等[24]研究了6061铝合金在工业大气环境和海洋大气环境中暴露36个月后的大气腐蚀行为，结果表明，6061铝合金在两种大气环境中形成的表面腐蚀产物一般为氢氧化铝和氧化铝。此外，在工业大气环境和海洋大气环境中形成的腐蚀产物分别为硫酸铝和氯化铝。在工业大气环境中形成的腐蚀产物呈团块状、不均匀状，在海洋大气环境中形成的腐蚀产物呈多边形。6061铝合金在工业大气环境和海洋大气环境中均表现出点蚀特征，海洋大气环境中的点蚀强度比工业大气环境中的点蚀强度大。

化学成分与力学性能

（1）化学成分　GB/T 3190—2020规定的化学成分见表4-16。

表4-16　化学成分

| 牌号 | 化学成分 (质量分数)/% | | | | | | | | 其他 | | Al |
	Si	Fe	Cu	Mn	Mg	Cr	Zn	Ti	单个	合计	
6061	0.40～0.8	0.7	0.15～0.40	0.15	0.8～1.2	0.04～0.35	0.25	0.15	0.05	0.15	余量
6063	0.20～0.6	0.35	0.10	0.10	0.45～0.9	0.10	0.10	0.10	0.05	0.15	余量
6082	0.7～1.3	0.50	0.10	0.40～1.0	0.6～1.2	0.25	0.20	0.10	0.05	0.15	余量

（2）力学性能　力学性能见表4-17。

表4-17　力学性能

牌号	热处理状态	厚度/mm	室温拉伸试验结果				弯曲半径	
			抗拉强度 R_m/MPa	规定非比例延伸强度 $R_{p0.2}$/MPa	断后伸长率/%		90°	180°
					A_{50mm}	A		
			不小于					
6061	T6	0.40～1.50	290	240	6	—	2.5t	—
		>1.50～3.00			7	—	3.5t	—
		>3.00～6.00			10	—	4.0t	—
		>6.00～12.50			9	—	5.0t	—
		>12.50～40.00			—	8	—	—
		>40.00～80.00			—	6	—	—
		>80.00～100.00			—	5	—	—
6063	T6	0.50～5.00	240	190	8	—	—	—
		>5.00～10.00	230	180	8	—	—	—
6082	T6	0.40～1.50	310	260	6	—	2.5t	—
		>1.50～3.00			7	—	3.5t	—
		>3.00～6.00			10	—	4.5t	—
		>6.00～12.50	300	255	9	—	6.0t	—

4.4.3　腐蚀速率

　　腐蚀速率计算按照标准GB/T 19292.4—2018《金属和合金的腐蚀 大气腐蚀性 第4部分：用于评估腐蚀性的标准试样的腐蚀速率的测定》进行，通过失重法得到腐蚀失重和腐蚀失厚，通过ASTM G45-94（2018）标准中的相关方法测量点蚀深度（表4-18和图4-25）。

表4-18　6061-T6、6063-T6和6082-T6铝合金在文昌户外暴露腐蚀失重和最大点蚀深度

品种	试验方式	暴露时间							
		0.5年		1年		2年		4年	
		腐蚀失重/(g/m²)	最大点蚀深度/μm	腐蚀失重/(g/m²)	最大点蚀深度/μm	腐蚀失重/(g/m²)	最大点蚀深度/μm	腐蚀失重/(g/m²)	最大点蚀深度/μm
6061-T6	文昌户外	8.83	30.274	10.53	43.863	14.11	42.080	17.39	58.245
6063-T6	文昌户外	9.74	39.044	12.02	84.737	14.75	85.596	16.77	79.934
6082-T6	文昌户外	8.55	46.421	11.63	50.831	15.17	67.394	18.78	76.141

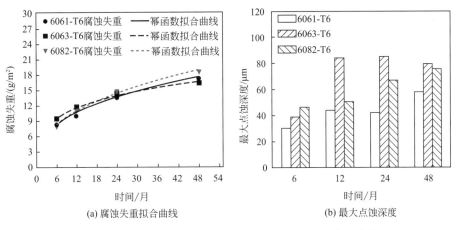

(a) 腐蚀失重拟合曲线　　　　(b) 最大点蚀深度

图 4-25　6061-T6、6063-T6 和 6082-T6 铝合金在文昌户外
暴露腐蚀失重拟合曲线及最大点蚀深度

对试验数据进行分析，失重与时间的数据符合幂函数规则：

$$D=At^n$$

式中，D 为材料的重量损失，g/m^2；t 为暴露时间，月；A 和 n 为常数。

A 值越高，铝合金的初始腐蚀速率越高。n 反映了锈层的物理化学性质及其与大气环境的相互作用。n 值越小，锈层的保护作用越强。对其进行幂函数拟合（表 4-19），R^2 是幂函数拟合相关系数。

表 4-19　幂函数拟合曲线相关参数

牌号	A	n	R^2
6061-T6	4.07	0.3455	0.9371
6063-T6	6.1621	0.2649	0.9888
6082-T6	4.4404	0.3787	0.9936

图 4-25 和图 4-26 所示分别为三种 6××× 系铝合金在文昌户外暴露 4 年内的腐蚀失重拟合曲线及最大点蚀深度和腐蚀速率变化曲线。暴露 48 个月时，6061-T6、6063-T6 和 6082-T6 铝合金的失重分别达到 17.39g/m²、16.77g/m² 和 18.78g/m²。6061-T6、6063-T6 和 6082-T6 铝合金在文昌户外暴露 12 个月的腐蚀速率分别为 10.53g/(m²·a)、12.02g/(m²·a) 和 11.63g/(m²·a)（表 4-20），最大点蚀深度分别为 43.863μm、84.737μm 和 50.831μm。从 6061-T6、6063-T6 和 6082-T6 铝合金在暴露过程中腐蚀速率随时间的变化曲线可以看出，6061-T6、6063-T6 和 6082-T6 铝合金在暴露初期腐蚀速率最高，且随着时间推移，腐蚀速率呈下降的趋势。对 6061-T6 铝合金大气腐蚀失重进行幂函数拟合，得其拟合函数方程 $D=4.07t^{0.3455}$，拟合方程相关系数为 0.9371。n 值小于 1，表明其锈层对铝合金具有一定的保护性。对 6063-T6 铝合金大气

腐蚀失重进行幂函数拟合，得其拟合函数方程 $D=6.1621t^{0.2649}$，拟合方程相关系数为0.9888。n 值小于1，表明其锈层对铝合金具有一定的保护性。对6082-T6铝合金大气腐蚀失重进行幂函数拟合，得其拟合函数方程 $D=4.4404t^{0.3787}$，拟合方程相关系数为0.9936。n 值小于1，表明其锈层对铝合金具有一定的保护性。

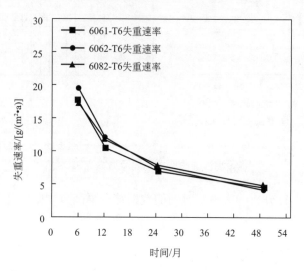

图4-26 6061-T6、6063-T6和6082-T6铝合金在文昌
户外暴露不同时间腐蚀速率变化曲线

表4-20 6061-T6、6063-T6和6082-T6铝合金在文昌户外暴露不同时间腐蚀速率

牌号	试验方式	失重速率/[g/(m²·a)]			
		0.5年	1年	2年	4年
6061-T6	文昌户外	17.66	10.53	7.06	4.35
6063-T6	文昌户外	19.48	12.02	7.38	4.19
6082-T6	文昌户外	17.10	11.63	7.59	4.70

 / 腐蚀形貌

图4-27 ～图4-29是6061-T6、6063-T6和6082-T6铝合金在文昌户外暴露6、12、24和48个月后的表面宏观腐蚀形貌图。从图中可以看出，随着在大气中暴露时间的增加，表面金属光泽逐渐消失，暴露48个月后，表面颜色变暗，彻底失去金属光泽。暴露6个月后，表面均开始出现白色斑点状的腐蚀痕迹，且白色斑点尺寸较小，分布较为稀疏，由于铝合金的腐蚀以点蚀为主要形式，腐蚀的发展倾向于均匀腐蚀。

暴露12个月后，白色斑点尺寸略微变大，金属光泽消失明显。暴露24和48个月后，白色腐蚀斑点尺寸增大明显，且分布更加密集，铝合金表面完全失去金属光泽。相比正面，铝合金的反面腐蚀更为严重，且在反面的侧边有明显的水渍残留。

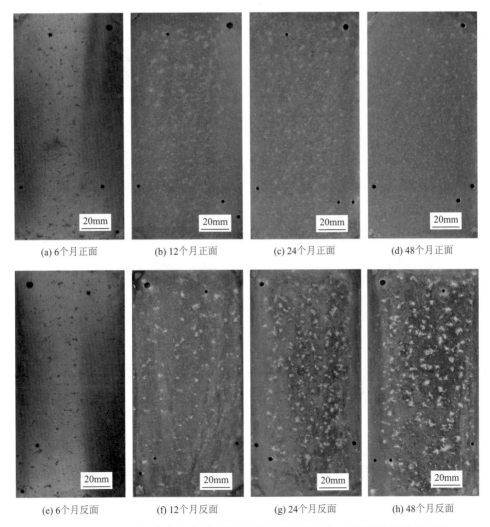

(a) 6个月正面　　(b) 12个月正面　　(c) 24个月正面　　(d) 48个月正面

(e) 6个月反面　　(f) 12个月反面　　(g) 24个月反面　　(h) 48个月反面

图4-27　6061-T6铝合金在文昌户外暴露不同时间后正、反面的宏观腐蚀形貌

横向对比三种铝合金，6061-T6铝合金的腐蚀程度最为严重，表面的白色腐蚀斑点最大、最密集；6082-T6铝合金的腐蚀程度其次；6063-T6铝合金的腐蚀程度最轻，在经过48个月的暴露后，其表面的白色腐蚀斑点仍然比较小，且保留部分金属光泽。

从整体来看，三种铝合金的腐蚀均以点蚀为主，且尺寸较小，随着暴露时间的延长，表面金属光泽均逐渐消失，腐蚀产物不断增多。暴露6个月后，铝合金表面

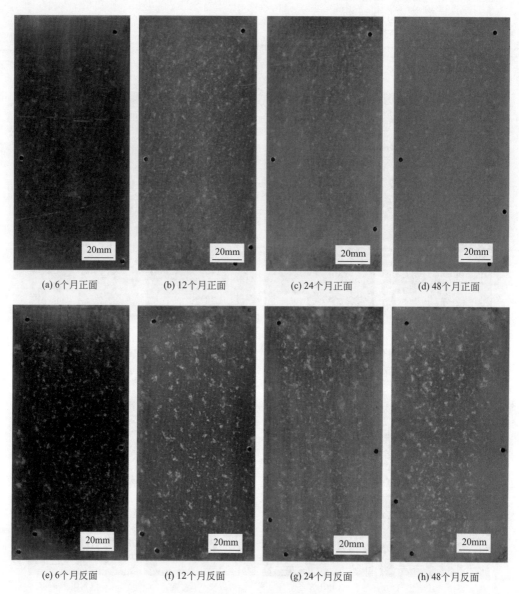

(a) 6个月正面　　(b) 12个月正面　　(c) 24个月正面　　(d) 48个月正面

(e) 6个月反面　　(f) 12个月反面　　(g) 24个月反面　　(h) 48个月反面

图4-28　6063-T6铝合金在文昌户外暴露不同时间后正、反面的宏观腐蚀形貌

出现斑点状的腐蚀产物。暴露12个月后，表面的白色腐蚀产物增多，金属光泽逐渐变淡。暴露24个月后，铝合金表面腐蚀产物继续增多，并在边角和棱边出现明显的长条状锈蚀区。暴露48个月后，表面颜色彻底变暗，失去金属光泽，但腐蚀产物依然没有覆盖整个表面，整个暴露过程中始终表现为局部腐蚀。对比正、反面的腐蚀情况可以发现，三种铝合金的反面腐蚀较正面均更严重，腐蚀产物堆积更多，且在反面能看到浅显的水痕。

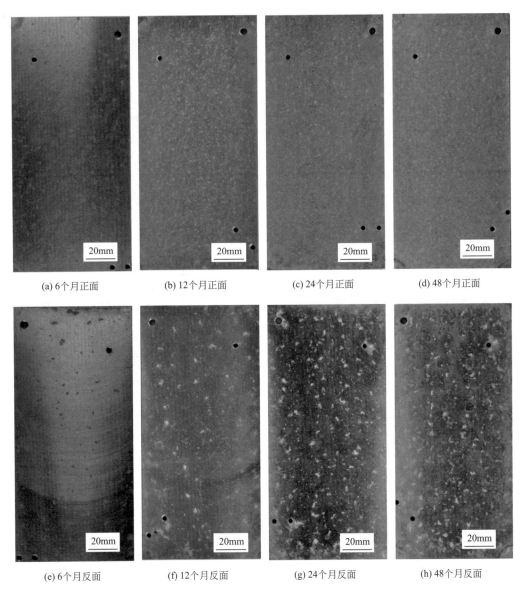

(a) 6个月正面　　　(b) 12个月正面　　　(c) 24个月正面　　　(d) 48个月正面

(e) 6个月反面　　　(f) 12个月反面　　　(g) 24个月反面　　　(h) 48个月反面

图4-29　6082-T6铝合金在文昌户外暴露不同时间后正、反面的宏观腐蚀形貌

　　图4-30是6061-T6、6063-T6和6082-T6铝合金在暴露6和48个月后去除腐蚀产物后的蚀坑深度腐蚀形貌图。从图4-30中可以看出，暴露6个月后，铝合金表面已经出现点蚀坑，但数量较少，直径在30μm左右。随着暴露时间的延长，点蚀坑的直径略有增大，同时腐蚀坑的数量增多。暴露48个月后，最大直径为70μm，同时发生部分点蚀坑连点成面，腐蚀面积也有所增大。

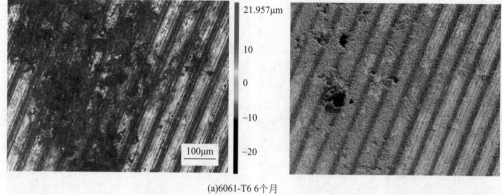

(a)6061-T6 6个月

(b) 6061-T6 48个月

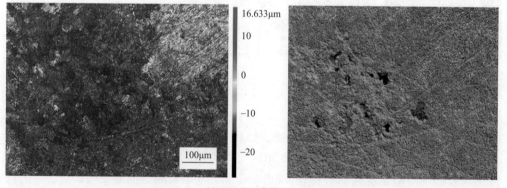

(c) 6063-T6 6个月

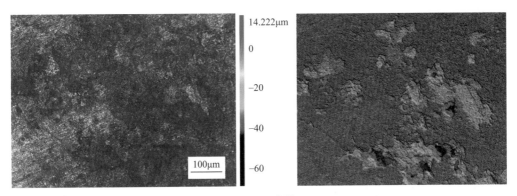

(d) 6063-T6 48个月

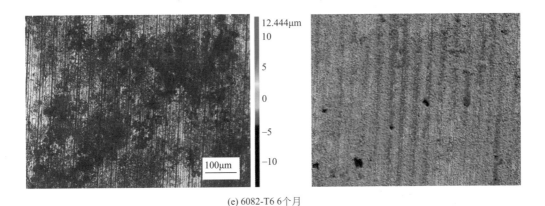

(e) 6082-T6 6个月

(f) 6082-T6 48个月

图 4-30　6061-T6、6063-T6 和 6082-T6 铝合金在文昌户外暴露不同时间后去除
腐蚀产物的蚀坑深度腐蚀形貌

4.4.5 ∕ **腐蚀产物**

　　图4-31～图4-33分别为6061-T6、6063-T6和6082-T6铝合金在文昌户外暴露6、12、24和48个月后的表面微观形貌和能谱结果图。从腐蚀形貌和能谱结果可看出，三种铝合金在文昌户外暴露的腐蚀产物基本相同，腐蚀产物中主要含有Al、O、Si、Cl、Na、Mg元素。

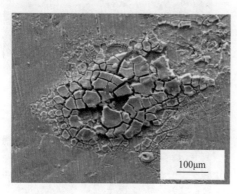
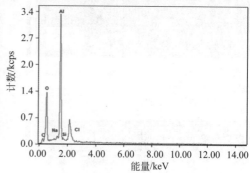

(a) 6个月

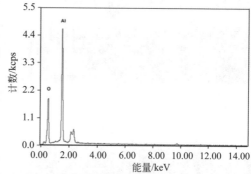

(b) 12个月

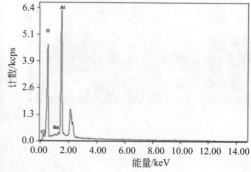

(c) 24个月

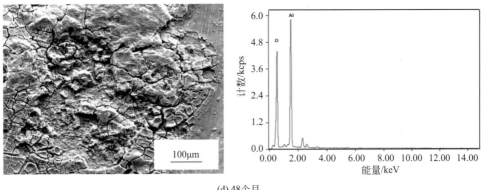

(d) 48个月

图4-31　6061-T6铝合金在文昌户外暴露不同时间后腐蚀产物微观形貌和能谱结果

从图4-31可以看出，6061-T6铝合金经过6个月的户外暴露后，试样表面凹凸不平，在点蚀区域产生大量裂纹，可以看出腐蚀产物的形貌为不规则的块状，但是在点蚀区域外的基体较为平整光滑。当暴露时间延长至12个月时，部分块状腐蚀产物开始脱落，产生孔洞。经过24或48个月的暴露后，块状腐蚀产物基本脱落，点蚀区域扩大明显，表面光滑的基体基本不可见。

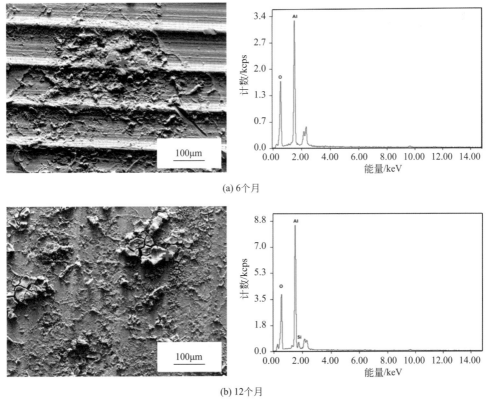

(a) 6个月

(b) 12个月

图4-32

(c) 24个月

(d) 48个月

图4-32　6063-T6铝合金在文昌户外暴露不同时间后的腐蚀产物微观形貌和能谱结果

　　从图4-32可以看出，6063-T6铝合金经过6个月的户外暴露后，表面仅出现少量凸起的不规则腐蚀产物，大部分区域仍是光滑的基体。经过12个月的户外暴露后，表面开始出现少量块状腐蚀产物。经过24个月暴露后，块状腐蚀产物仍然较少，大部分区域仍可见光滑的金属基体。直至经过48个月暴露后，表面基本覆盖着块状腐蚀产物，光滑的铝合金基体基本不可见。

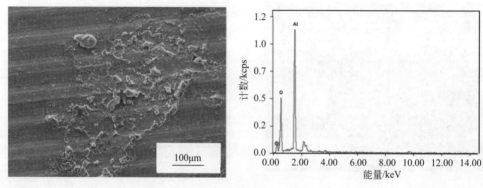

(a) 6个月

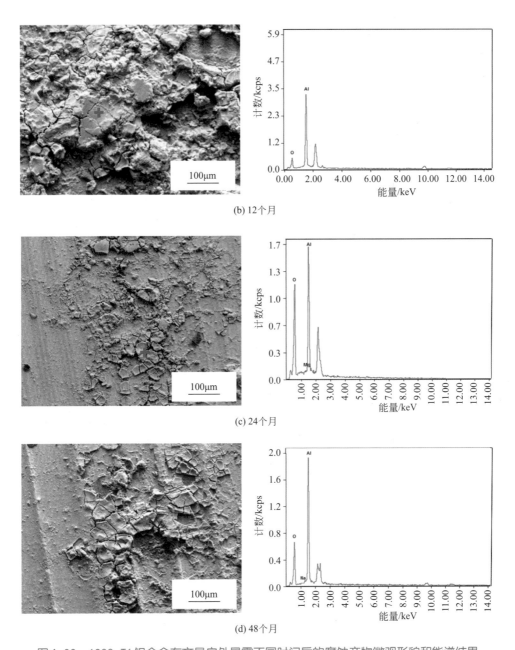

图 4-33　6082-T6 铝合金在文昌户外暴露不同时间后的腐蚀产物微观形貌和能谱结果

　　从图 4-33 可以看出，6082-T6 铝合金经过 6 个月暴露后表面出现少量腐蚀产物，腐蚀现象不甚明显。当暴露时间延长至 12 个月后，表面出现大量块状腐蚀产物，且部分区域的腐蚀产物开始脱落。经过 24 或 48 个月暴露后，块状腐蚀产物更加明显，但仍有部分区域可见光滑的基体。综合对比三种铝合金的微观腐蚀形貌，6061-T6 的腐蚀程度最为明显，经过 24 个月暴露后表面已被腐蚀产物基本覆盖，但 6063-T6 和

6082-T6铝合金的表面仍可见光滑的基体。

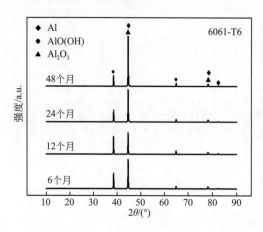

图4-34所示为6061-T6、6063-T6和6082-T6铝合金在文昌户外分别暴露6、12、24和48个月后的表面腐蚀产物的XRD测试分析结果。从峰的位置来看，所测出的峰具有很好的重合性，说明所产生的腐蚀产物具有很好的一致性。从检测结果来看，6061-T6、6063-T6和6082-T6三种铝合金的腐蚀产物相同，主要由Al_2O_3和AlO（OH）组成，表明三种铝合金在文昌户外暴露腐蚀产物的形成过程基本一致。

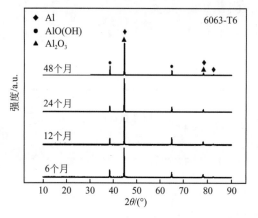

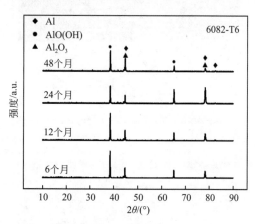

图4-34　6061-T6、6063-T6和6082-T6三种铝合金在文昌户外暴露不同时间后的腐蚀产物XRD图谱

4.5　7×××系铝合金（7A04和7050）

4.5.1　概述

　　7×××系铝合金也称为Al-Zn-Mg-Cu合金，通过变形和热处理能够获得高强度、高硬度、高韧性等综合力学性能，被广泛应用于航空航天和交通运输领域[25]。7×××系铝合金中主合金元素为Zn、Mg、Cu，其中Zn与Mg两种元素会形成$MgZn_2$强化相，对合金力学性能与耐腐蚀性有着重要的影响。

海洋大气中含有的 Cl^-、SO_4^{2-}、NO_3^- 等离子，会破坏 7××× 系铝合金表面形成的保护膜，加速 7××× 系铝合金在海洋大气环境中的腐蚀，严重影响其作为结构件时的安全性能[26]。因此，研究 7××× 系铝合金在海洋大气环境中的腐蚀行为，探究其腐蚀机理具有重要意义。董超芳等[27]利用标准盐雾试验来模拟海洋大气腐蚀，采用扫描 Kelvin 探针技术对 7A04 铝合金在模拟海洋大气环境中的初期腐蚀行为进行了研究。结果表明氯离子对 7A04 铝合金腐蚀有显著的加速作用，随腐蚀不断进行，金属表面阴极区和阳极区不断发生变化，呈现局部腐蚀的特征，腐蚀反应处于不断加速过程。邢士波等[28]研究了 7A04 铝合金在西沙海洋大气环境中的腐蚀行为，研究结果表明 7A04 铝合金表面腐蚀产物随腐蚀时间的延长不断增多，腐蚀失重与时间的关系符合幂函数规律。罗来正等[29]在万宁、敦煌、漠河、拉萨四种典型大气环境中开展了 7050 高强铝合金大气暴露试验，结果显示暴露 1 年后，海洋大气环境对 7050 高强铝合金的腐蚀失重、力学性能、腐蚀形貌和金相显微组织影响最为显著，沙漠干热大气环境次之，寒冷低温和高原低气压大气环境影响不明显。Hu 等[30]开展了对 7075-T6 铝合金为期 20 年的现场腐蚀试验，通过对腐蚀失重、腐蚀形貌、力学性能损失和腐蚀产物的分析，研究了 7075-T6 铝合金的长期大气腐蚀行为。结果表明挤压成型的 7075-T6 铝合金在沿海大气中暴露 20 年后，发生了明显的剥蚀和晶间腐蚀，其力学性能急剧降低。在工业大气和沿海工业大气中，挤压成型的 7075-T6 铝合金的失重率较高，腐蚀产物主要为氢氧化铝、$Al_2SO_4(OH)_4 \cdot H_2O$ 和 $AlSO_4(OH) \cdot 5H_2O$。Cui 等[31]采用失重试验、形貌观察和电化学阻抗谱等方法研究了 7A04 铝合金暴露于热带海洋大气环境 4 年的大气腐蚀行为。结果表明在暴露试验过程中，由于氯离子和潮湿时间的变质作用以及腐蚀产物层的稳定过程，腐蚀速率出现了明显的波动。7A04 铝合金先发生晶间腐蚀，然后转变为剥蚀。

 化学成分与力学性能

（1）化学成分　GB/T 3190—2020 规定的化学成分见表 4-21。

表 4-21　化学成分

牌号	化学成分（质量分数）/%												Al	备注
	Si	Fe	Cu	Mn	Mg	Cr	Zn	Ti	Zr	其他				
										单个	合计			
7A04	0.50	0.50	1.4~2.0	0.20~0.6	1.8~2.8	0.10~0.25	5.0~7.0	0.10	—	0.05	0.10		余量	LC4
7050	0.12	0.15	2.0~2.6	0.10	1.9~2.6	0.04	5.7~6.7	0.06	0.08~0.15	0.05	0.15		余量	—

（2）力学性能　力学性能见表 4-22。

表 4-22　力学性能

牌号	热处理状态	厚度/mm	室温拉伸试验结果				弯曲半径	
			抗拉强度 R_m/MPa	规定非比例延伸强度 $R_{p0.2}$/MPa	断后伸长率/%			
					A_{50mm}	A	90°	180°
			不小于					
7A04	T6	0.50～2.90	480	400	7	—	—	—
		>2.90～10.00	490	410		—	—	—
7050	T6	0.40～0.80	525	460	6	—	4.5t	—
		>0.80～1.50	540	460	6	—	5.5t	—
		>1.50～3.00	540	470	7	—	6.5t	—
		>3.00～6.00	545	475	8	—	8.0t	—
		>6.00～12.50	540	460	8	—	12.0t	—
		>12.50～25.00	540	470	—	6	—	—
		>25.00～50.00	530	460	—	5	—	—
		>50.00～60.00	525	440	—	4	—	—

4.5.3 ／ 腐蚀速率

腐蚀速率计算按照标准 GB/T 19292.4—2018《金属和合金的腐蚀 大气腐蚀性 第4部分：用于评估腐蚀性的标准试样的腐蚀速率的测定》进行，通过失重法得到腐蚀失重和腐蚀失厚，通过 ASTM G45-94（2018）标准中的相关方法测量点蚀深度（表4-23和图4-35）。

表 4-23　7A04-T6 和 7050-T6 铝合金在文昌户外暴露腐蚀失重和最大点蚀深度

牌号	试验方式	暴露时间							
		0.5年		1年		2年		4年	
		腐蚀失重/(g/m²)	最大点蚀深度/μm	腐蚀失重/(g/m²)	最大点蚀深度/μm	腐蚀失重/(g/m²)	最大点蚀深度/μm	腐蚀失重/(g/m²)	最大点蚀深度/μm
7A04-T6	文昌户外	12.89	65.661	15.44	65.772	20.30	72.481	22.36	70.889
7050-T6	文昌户外	11.01	12.318	14.73	23.748	18.00	40.448	20.79	45.337

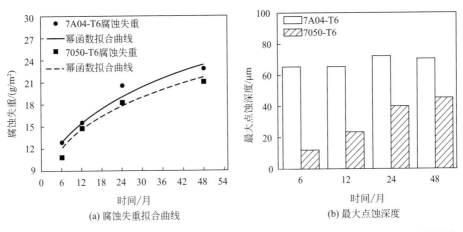

(a) 腐蚀失重拟合曲线　　　　　(b) 最大点蚀深度

图 4-35　7A04-T6 和 7050-T6 铝合金在文昌户外暴露腐蚀失重拟合曲线及最大点蚀深度

对试验数据进行分析，失重与时间的数据符合幂函数规则：

$$D = At^n$$

式中，D 为材料的重量损失，g/m²；t 为暴露时间，月；A 和 n 为常数。

A 值越高，铝合金的初始腐蚀速率越高。n 反映了锈层的物理化学性质及其与大气环境的相互作用。n 值越小，锈层的保护作用越强。对其进行幂函数拟合（表 4-24），R^2 是幂函数拟合相关系数。

表 4-24　幂函数拟合曲线相关参数

牌号	A	n	R^2
7A04-T6	7.5524	0.2876	0.9467
7050-T6	6.9257	0.2949	0.9371

图 4-35 和图 4-36 所示分别为 7A04-T6 和 7050-T6 铝合金在文昌户外暴露 4 年内的腐蚀失重拟合曲线及最大点蚀深度和腐蚀速率变化曲线。暴露 48 个月时，7A04-T6 和 7050-T6 铝合金的失重分别达到 22.36g/m² 和 20.79g/m²。7A04-T6 和 7050-T6 铝合金在文昌户外暴露 12 个月的腐蚀速率分别为 15.44g/(m²·a) 和 14.73g/(m²·a)（表 4-25），最大点蚀深度分别为 65.772μm 和 23.748μm。从 7A04-T6 和 7050-T6 铝合金在暴露过程中腐蚀速率

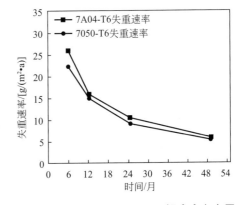

图 4-36　7A04-T6 和 7050-T6 铝合金在文昌户外暴露不同时间腐蚀速率变化曲线

随时间的变化曲线可以看出，7A04-T6、7050-T6铝合金在暴露初期腐蚀速率最高，且随着时间推移，腐蚀速率呈逐渐下降的趋势。对7A04-T6铝合金大气腐蚀失重进行幂函数拟合，得其拟合函数方程$D=7.5524t^{0.2876}$，拟合方程相关系数为0.9467。n值小于1，表明其锈层对铝合金具有一定的保护性。对7050-T6铝合金大气腐蚀失重进行幂函数拟合，得其拟合函数方程$D=6.9257t^{0.2949}$，拟合方程相关系数为0.9371。n值小于1，表明其锈层对铝合金具有一定的保护性。

表4-25　7A04-T6和7050-T6铝合金在文昌户外暴露不同时间腐蚀速率

牌号	试验方式	失重速率/[g/(m² · a)]			
		0.5年	1年	2年	4年
7A04-T6	文昌户外	25.78	15.44	10.25	5.59
7050-T6	文昌户外	22.02	14.73	9.00	5.20

4.5.4　腐蚀形貌

　　图4-37和图4-38分别为7A04-T6和7050-T6铝合金在文昌户外暴露不同时间后的表面宏观腐蚀产物形貌图。从整体来看，两种铝合金的腐蚀均以点蚀为主，且尺寸较小，腐蚀均从局部点蚀开始，逐渐发展为白色斑点状腐蚀。暴露6个月后，表面出现斑点状的腐蚀产物，随着暴露时间的延长，表面金属光泽逐渐消失，腐蚀产物不断增多。暴露48个月后，表面颜色变暗，彻底失去金属光泽，腐蚀产物依然没有覆盖整个表面，整个暴露过程中始终表现为局部腐蚀。对比正、反面的腐蚀情况可以发现，试样正、反两面的腐蚀程度明显不同，反面腐蚀严重，而正面相对轻微，这可能是由试样正、反面的暴露条件不同所致。

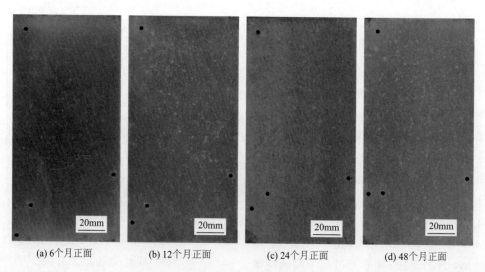

(a) 6个月正面　　　　(b) 12个月正面　　　　(c) 24个月正面　　　　(d) 48个月正面

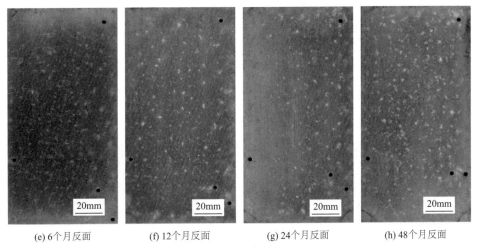

(e) 6个月反面　　(f) 12个月反面　　(g) 24个月反面　　(h) 48个月反面

图4-37　7A04-T6 铝合金在文昌户外暴露不同时间后正、反面的宏观腐蚀形貌

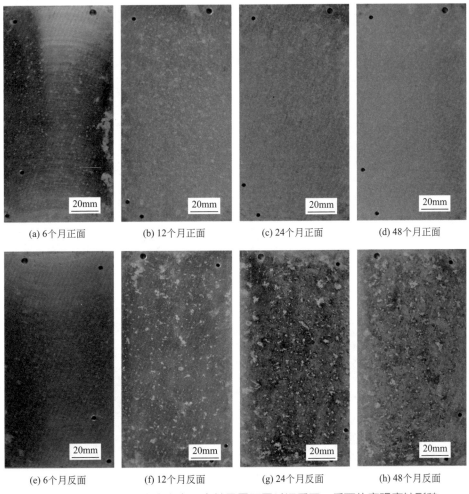

(a) 6个月正面　　(b) 12个月正面　　(c) 24个月正面　　(d) 48个月正面

(e) 6个月反面　　(f) 12个月反面　　(g) 24个月反面　　(h) 48个月反面

图4-38　7050-T6 铝合金在文昌户外暴露不同时间后正、反面的宏观腐蚀形貌

　　图4-39所示为7A04-T6和7050-T6铝合金在暴露6和48个月去除腐蚀产物后的蚀坑深度腐蚀形貌图。从图中可以看出，暴露6个月后，铝合金表面已经出现点蚀坑，但数量较少，直径在40μm左右。随着暴露时间的延长，点蚀坑的直径略有增大，同时腐蚀坑的数量增多，暴露48个月时，最大直径为70μm，同时发生部分点蚀坑连点成面，腐蚀面积也有所增大。

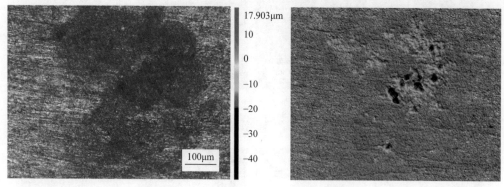

(a) 7A04-T6 6个月

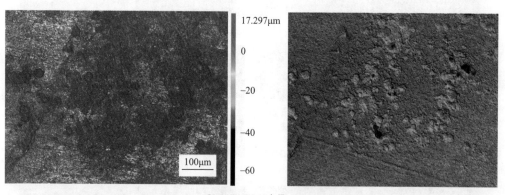

(b) 7A04-T6 48个月

(c) 7050-T6 6个月

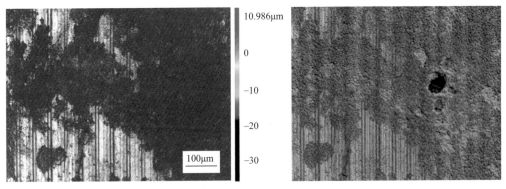

(d) 7050-T6 48个月

图4-39　7A04-T6 和 7050-T6 铝合金在文昌户外暴露不同时间后去除
腐蚀产物的蚀坑深度腐蚀形貌

4.5.5　腐蚀产物

　　图4-40和图4-41所示分别为7A04-T6和7050-T6铝合金在文昌户外暴露6、12、24和48个月后的表面微观形貌和能谱结果。从腐蚀形貌和能谱结果可看出，两种铝合金在文昌户外暴露的腐蚀产物基本相同，腐蚀产物中主要含有 Al、Cl、O、Na 元素。

　　从图4-40可以看出，7A04-T6铝合金经过6和12个月暴露后表面出现少量腐蚀产物，腐蚀形貌主要由高低不平的龟裂的块状腐蚀产物构成，当暴露时间延长至24个月时，表面出现大量块状腐蚀产物，且部分区域的腐蚀产物开始脱落。经过48个月暴露后，块状腐蚀产物脱落严重，表面出现大面积的腐蚀坑。

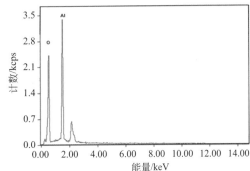

(a) 6个月

图4-40

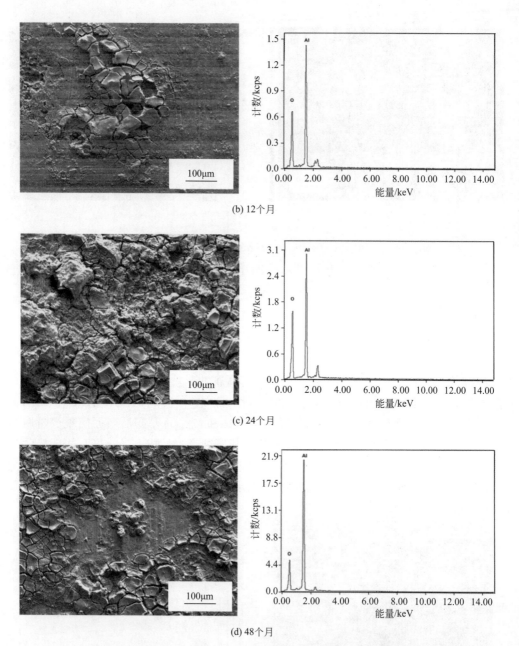

(b) 12个月

(c) 24个月

(d) 48个月

图4-40　7A04-T6铝合金在文昌户外暴露不同时间后腐蚀产物微观形貌和能谱结果

从图4-41可以看出，7050-T6铝合金经过6个月暴露后表面仅出现少量腐蚀产物；当暴露时间延长至12个月时，表面出现少量块状腐蚀产物；当暴露时间延长至24个月时，表面块状腐蚀产物明显增多，且部分区域的腐蚀产物开始脱落；经过48个月暴露后，块状腐蚀产物脱落严重，表面出现金属基体。

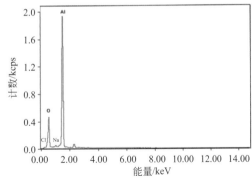

(a) 6个月

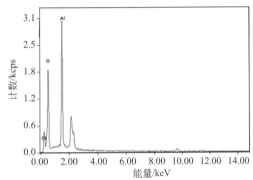

(b) 12个月

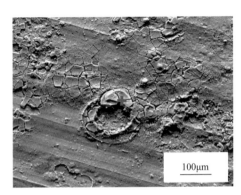
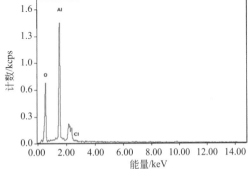

(c) 24个月

图 4-41

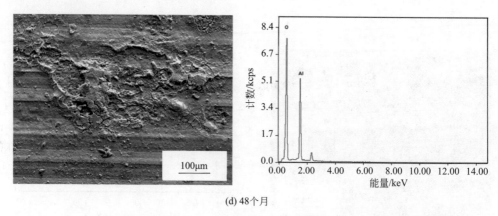

(d) 48个月

图4-41　7050-T6铝合金在文昌户外暴露不同时间后的腐蚀产物微观形貌和能谱结果

　　图4-42所示是7A04-T6、7050-T6铝合金在文昌户外分别暴露6、12、24和48个月后的表面腐蚀产物的XRD测试分析结果。从峰的位置来看，所测出的峰具有很好的重合性，说明所产生的腐蚀产物具有很好的一致性。从检测到的结果来看，7A04-T6、7050-T6两种铝合金的腐蚀产物相同，主要由Al_2O_3和AlO(OH)组成，表明两种铝合金在文昌户外暴露腐蚀产物的形成过程基本一致。

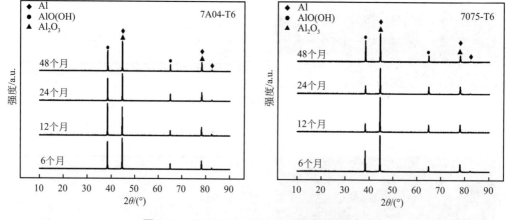

图4-42　7A04-T6、7050-T6铝合金在文昌
户外暴露不同时间后的腐蚀产物XRD图谱

参考文献

[1] Cui Z，Li X，et al. Atmospheric corrosion behaviour of pure Al 1060 in tropical marine environment[J]. Corrosion Engineering，Science and Technology，2015，50（6）：438-448.

[2] 周和荣，等. 典型铝合金在江津自然大气环境中的腐蚀行为研究[J]. 装备环境工程，2009，6（3）：10-14.

[3] 周和荣，等. 铝合金在模拟SO_2污染大气环境中的腐蚀行为[J]. 航空材料学报，2008，28（002）：39-45.

[4] 郑弃非，等. 铝及铝合金在我国的大气腐蚀及其影响因素分析[J]. 腐蚀与防护，2009，30（006）：359-363.

[5] 刘海霞，程学群，等. A1060纯Al的海洋大气环境腐蚀寿命预测模型研究[J]. 中国腐蚀与防护学报，2016，36（4）：349-356.

[6] Yuan S，et al. Hot forming-quenching integrated process with cold-hot dies for 2A12 aluminum alloy sheet[J]. Procedia Engineering，2014，81：1780-1785.

[7] Cui Z，Li X，et al. Atmospheric corrosion behavior of 2A12 aluminum alloy in a tropical marine environment[J]. Advances in Materials Science and Engineering，2015：163205.

[8] Li T，et al. Characterization of atmospheric corrosion of 2A12 aluminum alloy in tropical marine environment[J]. Journal of Materials Engineering and Performance，2010，19（4）：591-598.

[9] 李慧艳，等. 7A04和2A12铝合金在吐鲁番干热大气环境中的腐蚀行为[J]. 腐蚀与防护，2014，35（11）：1098-1101.

[10] Sun S，et al. Long-term atmospheric corrosion behaviour of aluminium alloys 2024 and 7075 In urban，coastal and industrial environments[J]. Corrosion Science，2009，51（4）：719-727.

[11] 汪笑鹤，李博文，等. 大气环境腐蚀检测技术在铝合金大气腐蚀研究中的应用[J]. 腐蚀科学与防护技术，2018，30（06）：113-117.

[12] 张腾，何宇廷，等. 2A12-T4铝合金长期大气腐蚀损伤规律[J]. 航空学报，2015，036（002）：661-671.

[13] Pérez-Bergquist S J，et al. The dynamic and quasi-static mechanical response of three aluminum armor alloys：5059，5083 and 7039[J]. Materials Science and Engineering，A. Structural Materials：Properties，Microstructure and Processing，2011，528（29-30）：8733-8741.

[14] Bugio T M A，et al. Failure analysis of fuel tanks of a lightweight ship[J]. Engineering Failure Analysis，2013，35（Complete）：272-285.

[15] Borvik T，et al. Perforation of AA5083-H116 aluminium plates with conical-nose steel projectiles - calculations[J]. International Journal of Impact Engineering，2009，36（3）：426-437.

[16] Zhang W，Lou W，et al. Mechanical properties and corrosion behavior of 5A06 alloy in seawater[J]. IEEE Access，2018，6：24952-24961.

[17] 黄桂桥. 铝合金在海洋环境中的腐蚀研究（Ⅲ）——海水飞溅区16年暴露试验总结[J]. 腐蚀与防护，2003，24（002）：47-50.

[18] 邢士波. 严酷海洋大气环境中铝合金加速腐蚀试验方法研究[D]. 北京：北京科技大学，2013.

[19] 李宝绵，等. 高强耐热6×××系铝合金的研究现状及其发展趋势[J]. 轻合金加工技术，2021，49（05）：8-14.

[20] 贺素霞，等. 含稀土Al-Mg-Si汽车板材的时效特性和组织性能[J]. 轻合金加工技术，2007，35（3）：49-53.

[21] 孙亮，等. Mg和Si质量比对6系铝合金性能的影响[J]. 有色金属材料与工程，2020，41（02）：34-40.

[22] 杨浪，黄运华，等. 6061铝合金在模拟工业—海洋大气环境下的腐蚀研究[J]. 中国材料进展，2018，37（01）：28-34，42.

[23] 林德源. 6082-T6铝合金在模拟沿海大气环境下的腐蚀行为和腐蚀机理[J]. 腐蚀科学与防护技术，2017，29（05）：499-506.

[24] Yang X，Zhang L，Zhang S，et al. Properties degradation and atmospheric corrosion mechanism of 6061 aluminum alloy in industrial and marine atmosphere environments[J]. Materials and Corrosion，2017，68（5）：529-535.

[25] 徐默雷. 铝合金材料的应用与开发潜力[J]. 当代化工研究，2018（10）：132-133.

[26] 王晴晴，上官晓峰. 7050铝合金在海洋大气中的接触腐蚀防护研究[J]. 材料导报，2013，27（08）：109-116.

[27] 董超芳，等. 7A04铝合金在海洋大气环境中初期腐蚀的电化学特性[J]. 中国有色金属学报，2009，19（02）：346-352.

[28] 邢士波，李晓刚，等. 7A04铝合金在西沙海洋大气中的腐蚀行为[J]. 腐蚀与防护，2013，34（09）：796-799.

[29] 罗来正，等. 7050高强铝合金在我国四种典型大气环境下腐蚀行为研究[J]. 装备环境工程，2015，12（04）：49-53.

[30] Hu S，Sun S，Guo A，et al. Atmospheric corrosion behavior of extruded aluminum alloy 7075-T6 after long-term field testing in China[J]. Corrosion，2011，67（10）：106002-106002-10.

[31] Cui Z，Li X，Man C，et al. Corrosion behavior of field-exposed 7A04 aluminum alloy in the Xisha tropical marine atmosphere[J]. Journal of Materials Engineering and Performance，2015，24（8）：2885-2897.

第5章

文昌海洋大气环境阳极氧化铝合金的腐蚀行为

5.1 2A12硫酸阳极氧化铝合金

5.1.1 概述

2A12铝合金具有密度小、硬度高、耐疲劳性能和延展性好、导电导热性好等特点，广泛应用于航空航天领域，如飞机主承力结构、人造卫星、飞船、空间站等[1, 2]。但是2A12铝合金耐腐蚀性不强，且随着现代工业的发展对材料的要求越来越高，2A12铝合金的服役条件愈发严苛，往往需要进行一些表面处理后才能更好地投入使用。阳极氧化处理，即通过合理控制氧化工艺参数，在铝合金表面形成具有双层结构的氧化膜，内层是薄而致密的阻挡层，外层是由六棱柱结构单元组成的呈蜂窝状排列的厚而疏松的多孔层[3, 4]。该膜层硬度高，耐腐蚀性能和耐磨性能好，具有一系列优越的物理、化学性能，提高了铝制品的使用寿命，扩大了应用范围，因此被誉为铝的"一种万能的表面膜"[5-7]。

周和荣等[8]研究了2A12铝合金表面阳极氧化膜层在江津工业大气环境中的暴露腐蚀行为。结果表明，2A12铝合金阳极氧化膜层失重与暴露时间的关系符合幂函数规律，随暴露时间的延长，腐蚀产物不断增多，失重增大。从宏观形貌上看，暴露1

个月后，没有明显变化；暴露12个月后，表面沉积了少量腐蚀产物和灰尘，表面颜色由灰色变为灰绿色；暴露24个月后，试样中部沉积了较多腐蚀产物和灰尘，表面颜色由灰绿色变为灰黑色。从微观形貌上看，表面沉积少量分散的腐蚀产物，将其放大后呈层状分布，底层氧化膜呈块状，有明显龟裂和孔洞，腐蚀产物堆积在氧化物表面，呈不规则形状。去除腐蚀产物后铝合金表面有数量众多的腐蚀坑，局部坑扩展为孔洞，点蚀明显。对腐蚀产物进行EDS分析，推断带阳极氧化膜的2A12铝合金腐蚀产物主要由Al_2O_3、$Al(OH)_3$和硫酸铝水合物组成。

 化学成分与阳极氧化工艺

（1）化学成分　GB/T 3190—2020规定的化学成分见表5-1。

表5-1　化学成分

牌号	化学成分(质量分数)/%												
	Si	Fe	Cu	Mn	Mg	Ni	Zn	Ti	Fe+Ni	其他		Al	备注
										单个	合计		
2A12	0.50	0.50	3.8~4.9	0.30~0.9	1.2~1.8	0.10	0.30	0.15	0.50	0.05	0.10	余量	LY12

（2）阳极氧化工艺　阳极氧化是指铝及其合金在相应的电解液和特定的工艺条件下，通过外加电流的作用，在其表面形成一层氧化膜的过程。2A12-T4硫酸阳极氧化铝合金试样是铝合金样品经过预处理后，置于硫酸中进行电解，并进行高温封孔处理，阳极氧化膜厚度约为3μm。

 腐蚀速率

腐蚀速率计算按照标准GB/T 19292.4—2018《金属和合金的腐蚀 大气腐蚀性 第4部分：用于评估腐蚀性的标准试样的腐蚀速率的测定》进行，通过失重法得到腐蚀失重和腐蚀失厚，通过ASTM G45-94（2018）标准中的相关方法测量点蚀深度（表5-2和图5-1）。

表5-2　2A12-T4硫酸阳极氧化铝合金在文昌户外暴露增重、腐蚀失重和最大点蚀深度

试样	试验方式	暴露时间											
		0.5年			1年			2年			4年		
		增重/(g/m²)	腐蚀失重/(g/m²)	最大点蚀深度/μm	增重/(g/m²)	腐蚀失重/(g/m²)	最大点蚀深度/μm	增重/(g/m²)	腐蚀失重/(g/m²)	最大点蚀深度/μm	增重/(g/m²)	腐蚀失重/(g/m²)	最大点蚀深度/μm
2A12-T4硫酸阳极氧化铝合金	文昌户外	0.41	2.06	5.588	0.83	2.66	7.7919	1.58	3.70	10.239	2.08	4.24	12.341

注：表面腐蚀产物的去除是按照GB/T 16545—2015《金属和合金的腐蚀 腐蚀试样上腐蚀产物的清除》中相关规定进行的，该过程会不可避免地导致阳极氧化膜的损失，故表中数据仅供参考。

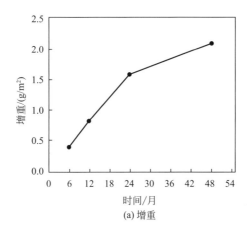

(a) 增重

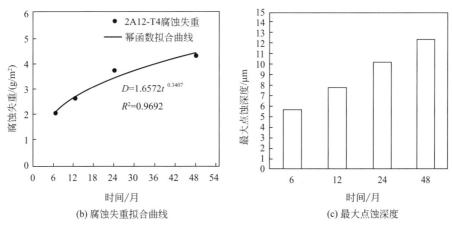

(b) 腐蚀失重拟合曲线　　　　　　(c) 最大点蚀深度

图5-1　2A12-T4硫酸阳极氧化铝合金在文昌户外暴露增重、
腐蚀失重拟合曲线及最大点蚀深度

对试验数据进行分析，失重与时间的数据符合幂函数规则：

$$D=At^n$$

式中，D 为材料的重量损失，g/m^2；t 为暴露时间，月；A 和 n 为常数。

A 值越高，铝合金的初始腐蚀速率越高。n 反映了锈层的物理化学性质及其与大气环境的相互作用。n 值越小，锈层的保护作用越强。对其进行幂函数拟合（表5-3），R^2 是幂函数拟合相关系数。

表 5-3　幂函数拟合曲线相关参数

参数	A	n	R^2
值	1.6572	0.3407	0.9692

图 5-1（a）所示为 2A12-T4 硫酸阳极氧化铝合金在文昌户外暴露4年内的增重曲线。暴露前期试样增重速率较高，暴露48个月时，2A12-T4 硫酸阳极氧化铝合金增重为 $2.08g/m^2$。图 5-1（b）所示为 2A12-T4 硫酸阳极氧化铝合金在文昌户外暴露4年内的失重曲线。2A12-T4 铝合金经硫酸阳极氧化的 2A12-T4 铝合金的失重较小，48个月时，2A12-T4 失重为 $4.24g/m^2$。图 5-2 所示为 2A12-T4 硫酸阳极氧化铝合金暴露不同时间后的点蚀深度分布。随着暴露时间延长，点蚀深度呈现缓慢的增长趋势，占比最大的点蚀深度范围从 $1.00 \sim 1.50\mu m$ 变成了 $2.00 \sim 2.50\mu m$。图 5-3 所示为 2A12-T4 硫酸阳极氧化铝合金在文昌户外暴露过程中的腐蚀速率（失重速率）随时间的变化曲线，可以看出，在暴露初期（6个月时），腐蚀速率较高，在暴露2年后腐蚀速率明显降低，并保持在较低值（表5-4）。

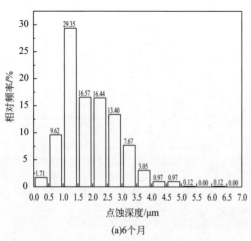

(a)6个月

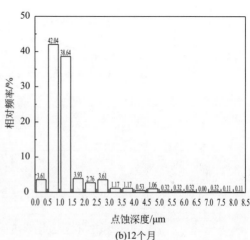

(b)12个月

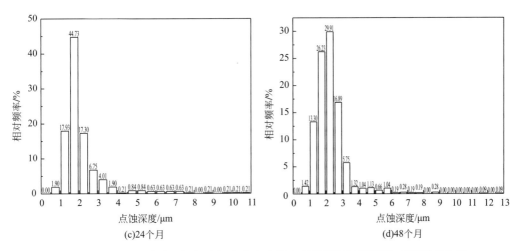

图 5-2　2A12-T4 硫酸阳极氧化铝合金在文昌户外暴露不同周期的点蚀深度分布

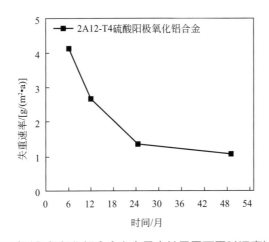

图 5-3　2A12-T4 硫酸阳极氧化铝合金在文昌户外暴露不同时间腐蚀速率变化曲线

表 5-4　2A12-T4 硫酸阳极氧化铝合金在文昌户外暴露不同时间腐蚀速率

试样	试验方式	失重速率/[g/(m² · a)]			
		0.5 年	1 年	2 年	4 年
2A12-T4 硫酸阳极氧化铝合金	文昌户外	4.12	2.66	1.35	1.06

　　大气腐蚀失重遵循幂函数规律，对 2A12-T4 硫酸阳极氧化铝合金的失重曲线进行拟合。2A12-T4 硫酸阳极氧化铝合金的拟合函数方程为 $D=1.6572t^{0.3407}$，拟合方程相关系数为 0.9692；n 值小于 1，表明腐蚀过程是逐渐减慢的。

5.1.4 / 腐蚀形貌

图5-4所示为2A12-T4硫酸阳极氧化铝合金试样在文昌户外暴露6、12、24、48个月后的表面宏观腐蚀形貌。从整体来看，2A12-T4硫酸阳极氧化铝合金的腐蚀以点蚀为主。暴露6个月后，表面无明显变化，未见腐蚀。暴露12个月后，表面未见明显腐蚀产物，但氧化膜颜色变淡。暴露24个月后，表面氧化膜颜色继续变淡，试样中心出现零星点蚀坑。暴露48个月后，出现白色和灰色的腐蚀产物，氧化膜完全褪去金属光泽。对比正、反面的腐蚀情况可以发现，反面腐蚀更严重，腐蚀产物堆积更多。清除腐蚀产物后蚀坑深度腐蚀形貌如图5-5所示。

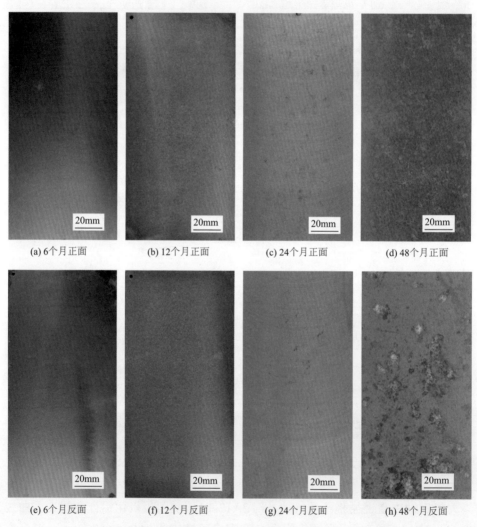

(a) 6个月正面　　(b) 12个月正面　　(c) 24个月正面　　(d) 48个月正面

(e) 6个月反面　　(f) 12个月反面　　(g) 24个月反面　　(h) 48个月反面

图5-4　2A12-T4硫酸阳极氧化铝合金在文昌户外暴露不同时间后正、反面的宏观腐蚀形貌

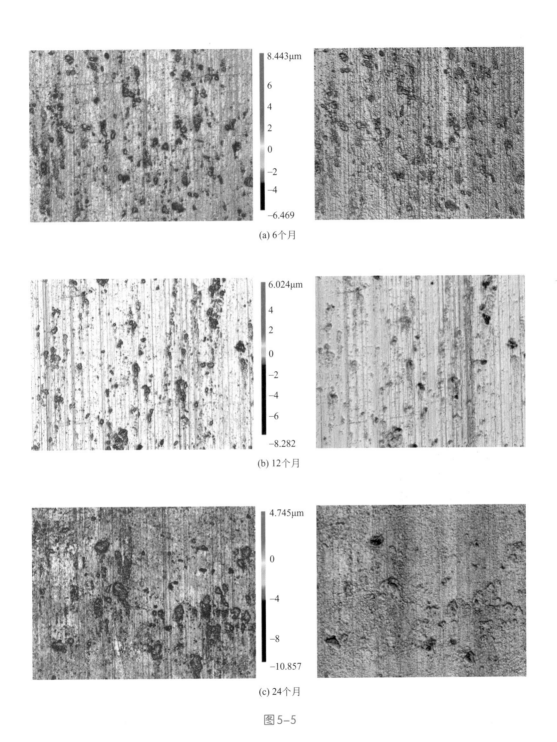

(a) 6个月

(b) 12个月

(c) 24个月

图 5-5

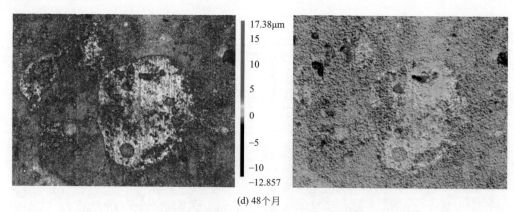

(d) 48个月

图5-5　2A12-T4硫酸阳极氧化铝合金在文昌户外暴露不同时间后
去除腐蚀产物的蚀坑深度腐蚀形貌

5.1.5 / 腐蚀产物

图5-6所示为2A12-T4硫酸阳极氧化铝合金试样在文昌户外暴露6、12、24和48个月后的腐蚀产物微观形貌和能谱结果。由图可看出，暴露时间为6和12个月的试样的微观腐蚀主要为点蚀，并且随着时间的延长，单位面积上的点蚀坑数量明

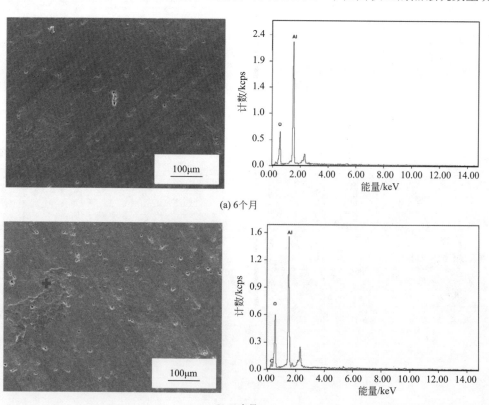

(a) 6个月

(b) 12个月

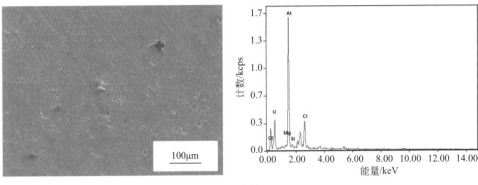

(c) 24个月

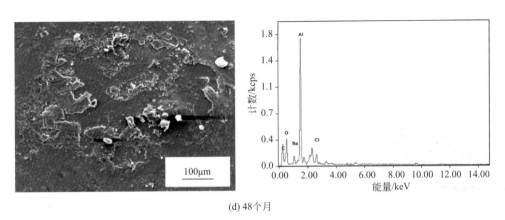

(d) 48个月

图5-6　2A12-T4硫酸阳极氧化铝合金在文昌户外暴露不同时间后的腐蚀产物微观形貌和能谱结果

显增多。暴露24个月的试样表面出现了少量的不规则状的颗粒腐蚀产物，暴露时间为48个月的试样表面腐蚀产物龟裂严重，部分已脱落，露出新鲜金属表面。

图5-7所示为2A12-T4硫酸阳极氧化铝合金在文昌户外分别暴露6、12、24和48个月后的表面腐蚀产物的XRD测试分析结果。从峰的位置来看，四个周期所测出的峰具有很好的重合性，说明所产生的腐蚀产物具有很好的一致性。从

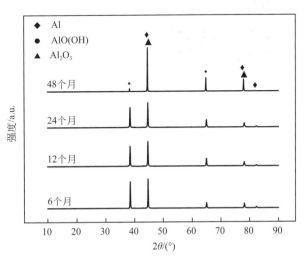

图5-7　2A12-T4硫酸阳极氧化铝合金在文昌户外
暴露不同时间后的腐蚀产物XRD图谱

检测结果来看，阳极氧化处理的2A12-T4铝合金的腐蚀产物相同，主要由Al_2O_3和AlO(OH)组成。

5.2 6061硫酸阳极氧化铝合金

5.2.1 概述

6061铝合金是一种中等强度、可热处理强化的Al-Mg-Si系铝合金，具有良好的加工焊接性能、优良的塑性和耐腐蚀性，常被用于航空、机械制造和化工等行业[9-11]。由于6061铝合金经时效处理后在晶界析出Mg_2Si等第二相[12]，晶界附近容易发生局部腐蚀，导致相关铝合金制品在使用过程中失效。因此，在6061铝合金的实际应用过程中，常对其进行阳极氧化处理以提高耐腐蚀性，其中硫酸阳极氧化法是常用的方法，其形成的膜层孔隙率较高，吸附性好，膜层较厚，耐磨、耐腐蚀性能好[13]，且由于其电解液成分简单、操作方便、生产成本低，因此得到普遍的应用。

黄运华等[14]在青岛工业海洋大气环境中分别对硫酸及硼硫酸（也称硫硼酸）阳极氧化处理的6061铝合金进行了5年的长周期大气暴露试验，结合表面截面形貌观察、重量损失分析、腐蚀产物分析、力学性能检测和断口分析等方法，研究两种阳极氧化处理对6061铝合金长期腐蚀行为的影响规律及机理。结果表明：经过5年大气暴露试验后，表面阳极氧化处理能显著降低6061铝合金的平均腐蚀速率及力学性能损失，且硫酸阳极氧化的效果更明显。与裸材相比，硫酸和硼硫酸阳极氧化后5年暴露试验的平均腐蚀速率分别下降了70.2%和45.4%，屈服强度损失率分别下降了69.5%和11.0%，伸长率损失率分别下降了71.8%和41.0%。黄运华等[15, 16]还研究了经硼硫酸阳极氧化处理的6061铝合金在工业海洋大气环境和北方半乡村大气环境中的初期腐蚀规律和机理。结果表明，与裸材相比，表面阳极氧化的试样在工业海洋大气环境和北方半乡村大气环境中一年暴露试验的平均腐蚀速率分别下降43.4%和10.1%，表明阳极氧化膜对基体材料有一定的保护能力，降低了腐蚀速率，并且在恶劣的腐蚀环境中，保护作用更加明显。对腐蚀形貌进行观察，硼硫酸阳极氧化试样与裸材相比腐蚀很轻微，北京试验站暴露试样表面保持原有形貌，无明显腐蚀现象，而青岛试验站暴露试样出现了少量独立分布的点蚀坑。截取试样观测截面，青岛试验站暴露试样部分氧化膜几乎完全破坏，点蚀坑穿透氧化膜腐蚀到基体材料，北京试验站暴露试样氧化膜比较完整，无明显破损，基体材料得到保护。

5.2.2　化学成分与阳极氧化工艺

（1）化学成分　GB/T 3190—2020 规定的化学成分见表 5-5。

表 5-5　化学成分

牌号	化学成分 (质量分数)/%										Al
	Si	Fe	Cu	Mn	Mg	Cr	Zn	Ti	其他		
									单个	合计	
6061	0.40～0.8	0.7	0.15～0.40	0.15	0.8～1.2	0.04～0.35	0.25	0.15	0.05	0.15	余量

（2）阳极氧化工艺　6061-T6 硫酸阳极氧化铝合金试样是铝合金样品经过预处理后，置于硫酸中进行电解，并进行高温封孔处理，阳极氧化膜厚度约为 5μm。

5.2.3　腐蚀速率

腐蚀速率计算按照标准 GB/T 19292.4—2018《金属和合金的腐蚀 大气腐蚀性 第 4 部分：用于评估腐蚀性的标准试样的腐蚀速率的测定》进行，通过失重法得到腐蚀失重和腐蚀失厚，通过 ASTM G45-94（2018）标准中的相关方法测量点蚀深度（表 5-6 和图 5-8）。

表 5-6　6061-T6 硫酸阳极氧化铝合金在文昌户外暴露增重、腐蚀失重和最大点蚀深度

试样	试验方式	暴露时间											
		0.5 年			1 年			2 年			4 年		
		增重/(g/m²)	腐蚀失重/(g/m²)	最大点蚀深度/μm	增重/(g/m²)	腐蚀失重/(g/m²)	最大点蚀深度/μm	增重/(g/m²)	腐蚀失重/(g/m²)	最大点蚀深度/μm	增重/(g/m²)	腐蚀失重/(g/m²)	最大点蚀深度/μm
6061-T6 硫酸阳极氧化铝合金	文昌户外	0.41	0.82	5.018	0.92	2.28	3.555	1.44	2.49	6.946	1.75	4.38	6.112

注：表面腐蚀产物的去除是按照 GB/T 16545—2015《金属和合金的腐蚀 腐蚀试样上腐蚀产物的清除》中相关规定进行的，该过程会不可避免地导致阳极氧化膜的损失，故表中数据仅供参考。

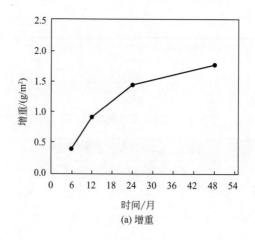

(a) 增重

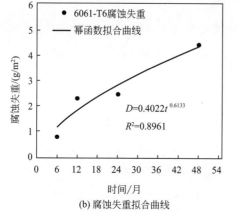

(b) 腐蚀失重拟合曲线

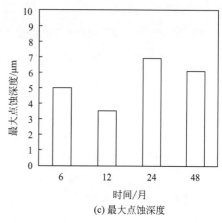

(c) 最大点蚀深度

图5-8　6061-T6硫酸阳极氧化铝合金在文昌户外暴露增重、腐蚀失重拟合曲线及最大点蚀深度

对试验数据进行分析，失重与时间的数据符合幂函数规则：

$$D=At^n$$

式中，D为材料的重量损失，g/m^2；t为暴露时间，月；A和n为常数。

A值越高，铝合金的初始腐蚀速率越高。n反映了锈层的物理化学性质及其与大气环境的相互作用。n值越小，锈层的保护作用越强。对其进行幂函数拟合（表5-7），R^2是幂函数拟合相关系数。

表5-7　幂函数拟合曲线相关参数

参数	A	n	R^2
值	0.4022	0.6133	0.8961

图5-8（a）所示为6061-T6硫酸阳极氧化铝合金在文昌户外暴露4年内的增重曲线。暴露前期试样增重速率较高，暴露48个月时，6061-T4硫酸阳极氧化铝合金增重为1.75g/m²。图5-8（b）所示为6061-T6硫酸阳极氧化铝合金在文昌户外暴露4年内的失重曲线。经硫酸阳极氧化的6061-T6铝合金失重不大，12个月时，6061-T6失重为2.28g/m²，48个月时，6061-T6失重为4.38g/m²。

图5-9所示为6061-T6硫酸阳极氧化铝合金在文昌户外暴露不同时间后的点蚀深度分布。随着暴露时间延长，点蚀深度呈现缓慢的增长趋势，暴露48个月后2.50～3.00μm范围深度的点蚀比例明显增加，占比最大的点蚀深度范围从1.00～1.50μm变成了1.50～2.00μm。

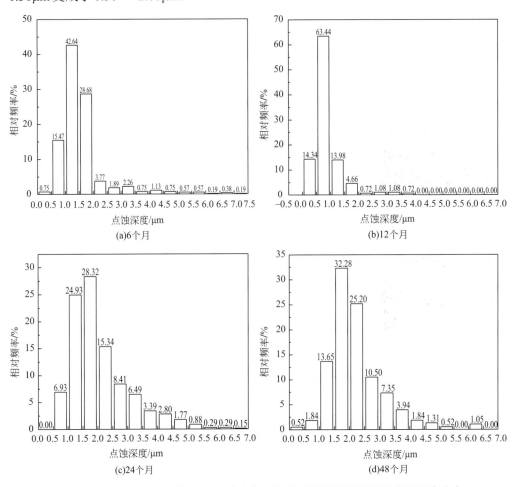

图5-9　6061-T6硫酸阳极氧化铝合金在文昌户外暴露不同时间的点蚀深度分布

图5-10所示为6061-T6硫酸阳极氧化铝合金在文昌户外暴露过程中的腐蚀速率随时间的变化曲线，可以看出，随着时间推移，腐蚀速率先提高后降低，暴露12个月时，腐蚀速率达到最高，之后腐蚀速率明显降低（表5-8）。

大气腐蚀失重遵循幂函数规律，对6061-T6硫酸阳极氧化铝合金的失重曲线进行拟合。6061-T6硫酸阳极氧化铝合金的拟合函数方程为$D=0.4022t^{0.6133}$，拟合方程相关系数为0.8961；n值小于1，表明腐蚀是逐渐减慢的过程。

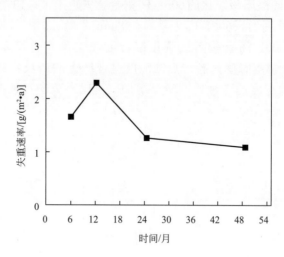

图5-10　6061-T6硫酸阳极氧化铝合金在文昌户外暴露不同时间腐蚀速率变化曲线

表5-8　6061-T6硫酸阳极氧化铝合金在文昌户外暴露不同时间腐蚀速率

试样	试验方式	失重速率/[g/(m² · a)]			
		0.5年	1年	2年	4年
6061-T6硫酸阳极氧化铝合金	文昌户外	1.64	2.28	1.25	1.10

5.2.4　腐蚀形貌

图5-11所示为6061-T6硫酸阳极氧化铝合金试样在文昌户外暴露6、12、24、48个月后的表面宏观腐蚀形貌。从整体来看，6061-T6硫酸阳极氧化铝合金的腐蚀以点蚀为主，且尺寸较小。暴露6个月，表面无明显变化，未见腐蚀。暴露12个月后，表面未见明显腐蚀产物，但氧化膜颜色变淡。暴露24个月后，表面氧化膜颜色继续变淡，试样中心出现零星点蚀坑。暴露48个月后，出现白色和灰色的腐蚀产物，氧化膜完全褪去金属光泽。对比正、反面的腐蚀情况可以发现，正、反面腐蚀程度相当，均有腐蚀产物出现。清除腐蚀产物后蚀坑深度腐蚀形貌如图5-12所示。

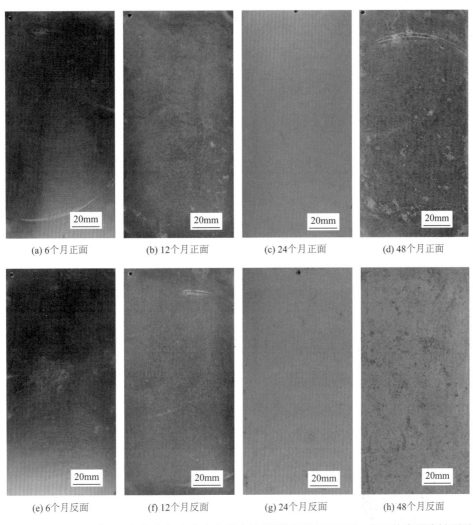

(a) 6个月正面　(b) 12个月正面　(c) 24个月正面　(d) 48个月正面

(e) 6个月反面　(f) 12个月反面　(g) 24个月反面　(h) 48个月反面

图5-11　6061-T6硫酸阳极氧化铝合金在文昌户外暴露不同时间后正、反面的宏观腐蚀形貌

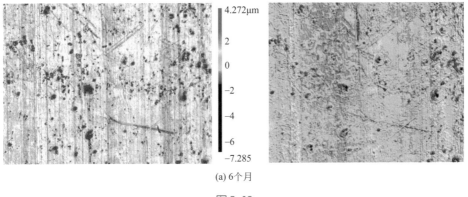

(a) 6个月

图5-12

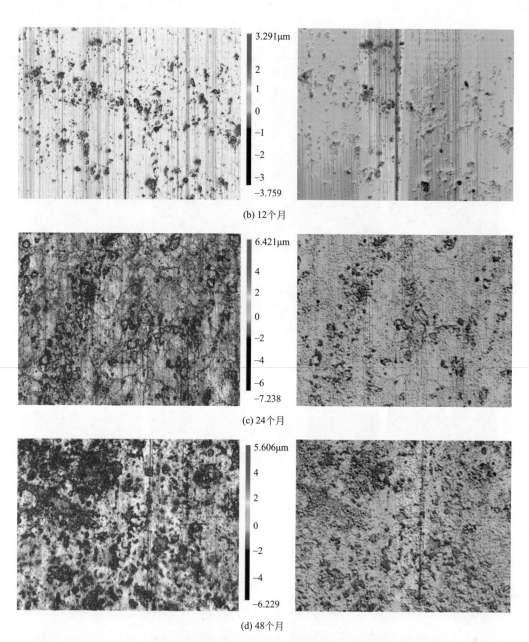

(b) 12个月

(c) 24个月

(d) 48个月

图 5-12　6061-T6 硫酸阳极氧化铝合金在文昌户外暴露不同时间后
去除腐蚀产物的蚀坑深度腐蚀形貌

5.2.5 ／ 腐蚀产物

　　图 5-13 所示为 6061-T6 硫酸阳极氧化铝合金试样在文昌户外暴露 6、12、24 和 48
个月后的腐蚀产物微观形貌和能谱结果。由图可看出，初期的微观腐蚀主要为点蚀，并且随着时间的延长，单位面积上的点蚀坑数量明显增多。经过24个月的暴露后，出现了一些颗粒状的腐蚀产物，且表面有明显的裂纹；暴露48个月后试样表面有少量的块状腐蚀产物。

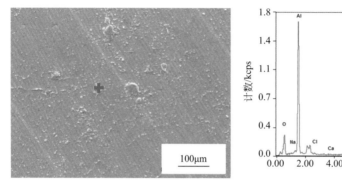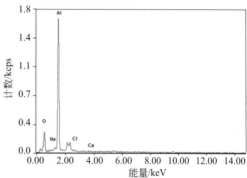

(a) 6个月

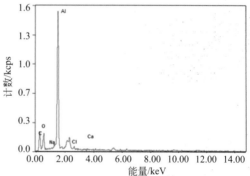

(b) 12个月

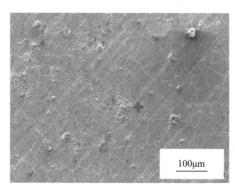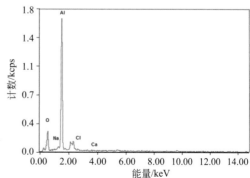

(c) 24个月

图 5-13

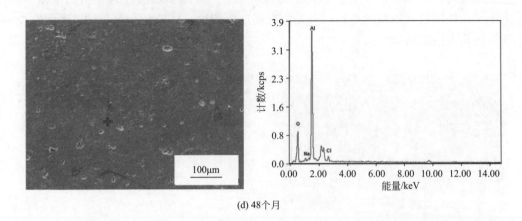

(d) 48个月

图 5–13　6061–T6 硫酸阳极氧化铝合金在文昌户外暴露不同时间后的

腐蚀产物微观形貌和能谱结果

　　图 5-14 所示为硫酸阳极氧化处理的 6061-T6 铝合金在文昌户外分别暴露 6、12、24 和 48 个月后的表面腐蚀产物的 XRD 测试分析结果。从峰的位置来看，所测出的峰具有很好的重合性，说明所产生的腐蚀产物具有很好的一致性。从检测到的结果来看，6061-T6 硫酸阳极氧化铝合金的腐蚀产物相同，主要由 Al_2O_3 和 AlO(OH) 组成。

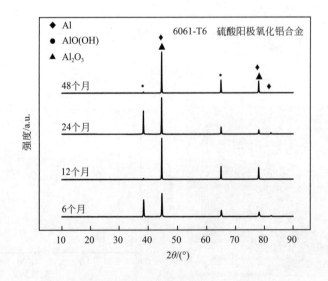

图 5–14　6061–T6 硫酸阳极氧化铝合金在文昌户外

暴露不同时间后的腐蚀产物 XRD 图谱

5.3 / 7050硫酸阳极氧化铝合金

5.3.1 / 概述

　　7050铝合金属于Al-Zn-Mg-Cu系高强铝合金[17-19]，广泛应用于航空航天、轨道交通、工程装备等领域，如飞机主承力结构中的起落架的隔框、翼梁、肋和托架等承载部位。飞机铝合金结构的腐蚀是世界航空界共同面临的重大问题，环境对铝合金结构的影响一直受到国内外学术界和工程界的高度重视。在实际使用中，为了提高铝合金的耐腐蚀性能，延长其服役寿命，常对其进行阳极氧化处理。这种表面处理获得的膜层可直接阻挡Cl^-等侵蚀离子进入合金基体表面，从而改善合金对环境的抗侵蚀能力[20-22]。

　　白子恒等[23]在青岛研究了未处理和经硫硼酸阳极氧化处理的7050铝合金在典型工业海洋大气环境中的腐蚀行为。未处理和经硫硼酸阳极氧化处理的7050铝合金在青岛大气环境下暴露2年的年均腐蚀速率分别为5.92μm/a和0.58μm/a，说明经硫硼酸阳极氧化处理生成的氧化膜在工业海洋大气环境下对基体有良好的保护作用，可以提高其耐腐蚀性。对比宏观形貌，暴露2年后，未处理试样表面腐蚀产物颜色加深，形成了明显的腐蚀产物层；而阳极氧化试样仅在部分位置生成了点状或丝状的腐蚀产物，呈局部腐蚀特征。对比微观形貌，暴露2年后，未处理试样表面已完全被龟裂状的腐蚀产物层覆盖，在部分区域出现大块的腐蚀产物，腐蚀产物在铝合金表面不规则堆积，呈山峦起伏状；阳极氧化试样在局部表面也产生了龟裂状的腐蚀产物，但相比于未处理试样，腐蚀产物数量更少，产物层更薄。

5.3.2 / 化学成分与阳极氧化工艺

　　（1）化学成分　GB/T 3190—2020规定的化学成分见表5-9。

表5-9　化学成分

牌号	化学成分（质量分数）/%											
	Si	Fe	Cu	Mn	Mg	Cr	Zn	Ti	Zr	其他		Al
										单个	合计	
7050	0.12	0.15	2.0～2.6	0.10	1.9～2.6	0.04	5.7～6.7	0.06	0.08～0.15	0.05	0.15	余量

（2）阳极氧化工艺　7050-T6硫酸阳极氧化铝合金试样是铝合金样品经过预处理后，置于硫酸中进行电解，并进行高温封孔处理，阳极氧化膜厚度约为8μm。

5.3.3 ／ 腐蚀速率

腐蚀速率计算按照标准GB/T 19292.4—2018《金属和合金的腐蚀 大气腐蚀性 第4部分：用于评估腐蚀性的标准试样的腐蚀速率的测定》进行，通过失重法得到腐蚀失重和腐蚀失厚，通过ASTM G45-94（2018）标准中的相关方法测量点蚀深度（表5-10和图5-15）。

表5-10　7050-T6硫酸阳极氧化铝合金在文昌户外暴露增重、腐蚀失重和最大点蚀深度

试样	试验方式	暴露时间										
		0.5年			1年			2年			4年		
		增重/(g/m²)	腐蚀失重/(g/m²)	最大点蚀深度/μm	增重/(g/m²)	腐蚀失重/(g/m²)	最大点蚀深度/μm	增重/(g/m²)	腐蚀失重/(g/m²)	最大点蚀深度/μm	增重/(g/m²)	腐蚀失重/(g/m²)	最大点蚀深度/μm
7050-T6硫酸阳极氧化铝合金	文昌户外	0.41	0.83	4.853	1.16	2.02	5.197	1.69	2.15	7.389	2.24	4.37	7.137

注：表面腐蚀产物的去除是按照GB/T 16545—2015《金属和合金的腐蚀 腐蚀试样上腐蚀产物的清除》中相关规定进行的，该过程会不可避免地导致阳极氧化膜的损失，故表中数据仅供参考。

对试验数据进行分析，失重与时间的数据符合幂函数规则：

$$D=At^n$$

式中，D为材料的重量损失，g/m²；t为暴露时间，月；A和n为常数。

A值越高，铝合金的初始腐蚀速率越高。n反映了锈层的物理化学性质及其与大气环境的相互作用。n值越小，锈层的保护作用越强。对其进行幂函数拟合（表5-11），R^2是幂函数拟合相关系数。

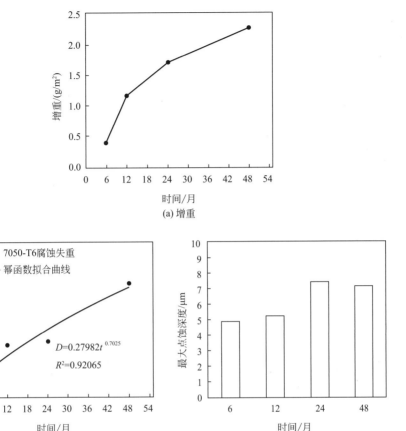

图 5-15　7050–T6 硫酸阳极氧化铝合金在文昌户外暴露增重、
腐蚀失重拟合曲线及最大点蚀深度

表 5-11　幂函数拟合曲线相关参数

参数	*A*	*n*	*R*²
值	0.27982	0.7025	0.92065

图 5-15（a）所示为 7050-T6 硫酸阳极氧化铝合金在文昌户外暴露 4 年内的增重曲线。暴露前期试样增重速率较高，暴露 48 个月时，7050-T6 硫酸阳极氧化铝合金增重为 2.24g/m²。图 5-15（b）所示为 7050-T6 硫酸阳极氧化铝合金在文昌户外暴露 4 年内的失重曲线。7050-T6 铝合金经硫酸阳极氧化的失重不大，暴露 48 个月时，失重为 4.37g/m²。图 5-16 所示为 7050-T6 硫酸阳极氧化铝合金在文昌户外暴露不同时间后的点蚀坑深度分布。随着暴露时间延长，点蚀坑深度呈现缓慢的增长趋势，占比最大的点蚀坑深度范围变化不大，深度大于 4μm 的点蚀坑比例有所增加。

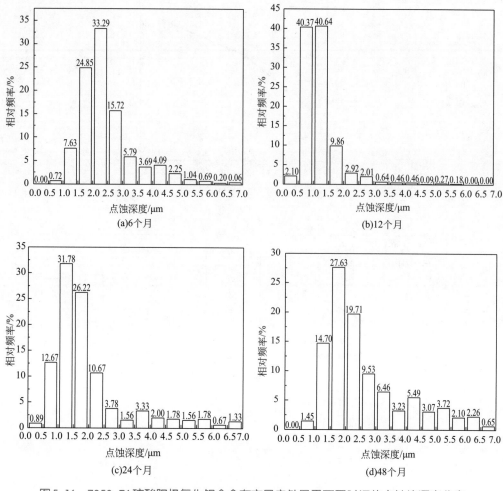

图5-16   7050-T6硫酸阳极氧化铝合金在文昌户外暴露不同时间的点蚀坑深度分布

图5-17所示为7050-T6硫酸阳极氧化铝合金在文昌户外暴露过程中的腐蚀速率随时间的变化曲线，可以看出，随着时间推移，腐蚀速率先提高后降低，暴露12个月时，腐蚀速率达到最高，之后腐蚀速率明显降低（表5-12）。

大气腐蚀失重遵循幂函数规律，对7050-T6硫酸阳极氧化铝合金的失重曲线进行拟合，拟合方程为$D=0.27982t^{0.7205}$，拟合方程相关系数为0.92065；n值小于1，表明腐蚀是逐渐减慢的过程。

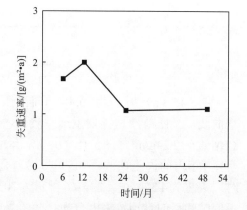

图5-17   7050-T6硫酸阳极氧化铝合金在文昌户外暴露不同周期腐蚀速率变化曲线

表5-12　7050-T6硫酸阳极氧化铝合金在文昌户外暴露不同时间腐蚀速率

试样	试验方式	失重速率/[g/(m² · a)]			
		0.5年	1年	2年	4年
7050-T6硫酸阳极氧化铝合金	文昌户外	1.66	2.02	1.08	1.09

 ## 腐蚀形貌

图5-18所示为7050-T6硫酸阳极氧化铝合金试样在文昌户外暴露6、12、24、48个月后的表面宏观腐蚀形貌。从整体来看，7050-T6硫酸阳极氧化铝合金基本无腐蚀。

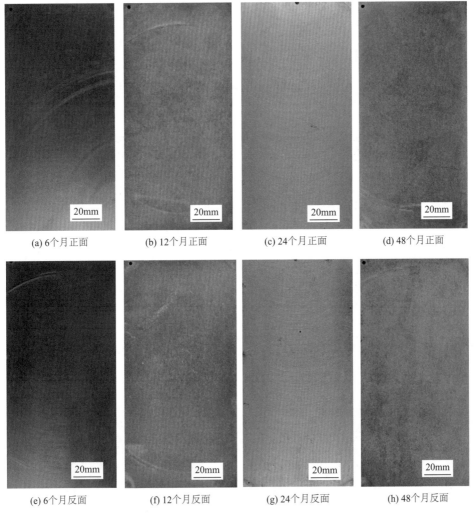

(a) 6个月正面　　(b) 12个月正面　　(c) 24个月正面　　(d) 48个月正面

(e) 6个月反面　　(f) 12个月反面　　(g) 24个月反面　　(h) 48个月反面

图5-18　7050-T6硫酸阳极氧化铝合金在文昌户外暴露不同时间后正、反面的宏观腐蚀形貌

7050-T6硫酸阳极氧化铝合金暴露6个月，表面无明显变化，未见腐蚀。暴露12个月后，表面未见明显腐蚀产物，但氧化膜颜色变淡。暴露24个月后，表面氧化膜颜色继续变淡，试样的棱边和边角处出现些许点蚀。暴露48个月后，氧化膜完全褪去金属光泽，在局部边角处可观察到氧化膜脱落的迹象。对比正、反面的腐蚀情况可以发现，正、反面腐蚀程度相当，腐蚀均较轻。清除腐蚀产物后蚀坑深度腐蚀形貌如图5-19所示。

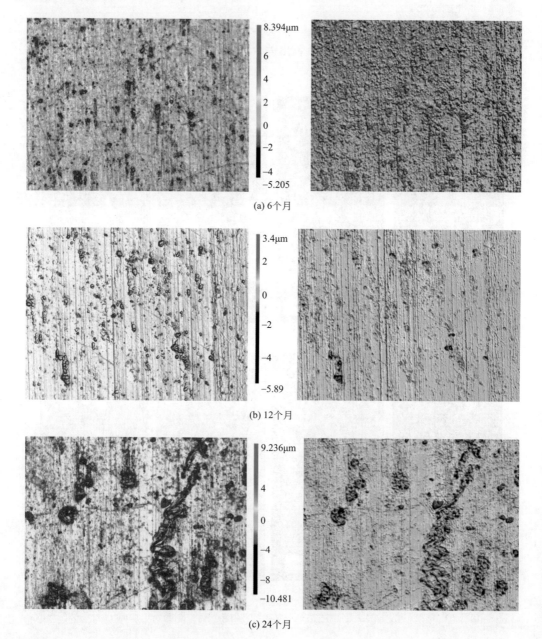

(a) 6个月

(b) 12个月

(c) 24个月

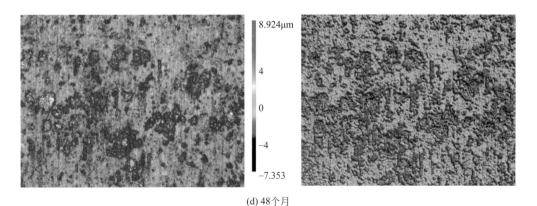

(d) 48个月

图 5-19   7050-T6硫酸阳极氧化铝合金在文昌户外暴露不同时间后去
除腐蚀产物的蚀坑深度腐蚀形貌

5.3.5   腐蚀产物

图 5-20所示为7050-T6硫酸阳极氧化铝合金试样在文昌户外暴露6、12、24和
48个月后的腐蚀产物微观形貌和能谱结果。由图可看出，初期的微观腐蚀主要为

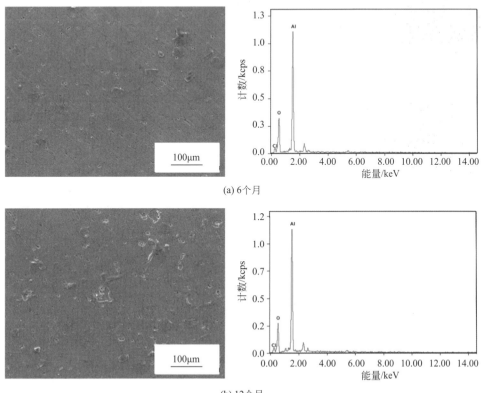

(a) 6个月

(b) 12个月

图 5-20

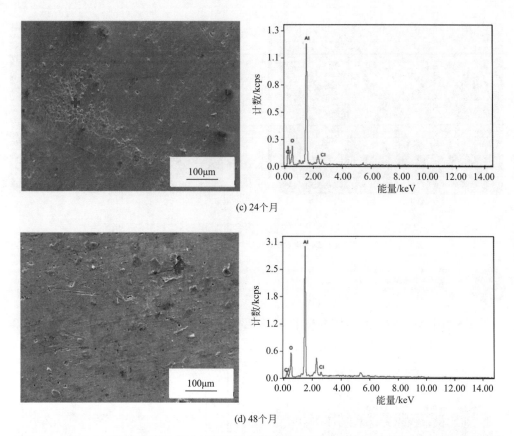

图5-20　7050-T6硫酸阳极氧化铝合金在文昌户外暴露不同时间后腐蚀产物微观形貌和能谱结果

点蚀，并且随着时间的延长，单位面积上的点蚀坑数量明显增多。

图5-21所示为对7050-T6硫酸阳极氧化铝合金在文昌户外分别暴露6、12、24和48个月后的表面腐蚀产物进行XRD测试分析的结果。从峰的位置来看，所测出的峰具有很好的重合性，说明所产生的腐蚀产物具有很好的一致性。从检测到的结果来看，7050-T6硫酸阳极氧化铝合金的腐蚀产物相同，主要由Al_2O_3和AlO(OH)组成。

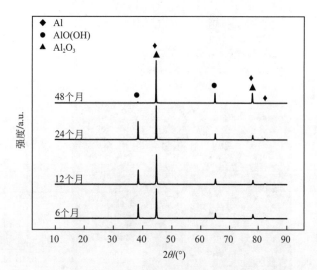

图5-21　7050-T6硫酸阳极氧化铝合金在文昌户外暴露不同时间后的腐蚀产物XRD图谱

参考文献

[1]　姚毅中，陈小青. 铝及铝合金在航空航天及军工工业中的应用 [J]. 铝加工，1993，（02）：13-18.

[2]　张腾，何宇廷，等. 2A12-T4 铝合金长期大气腐蚀损伤规律 [J]. 航空学报，2015，036（002）：661-671.

[3]　周芝凯，宋丹，等. 铝合金阳极氧化的研究进展 [J]. 热加工工艺，2020，49（18）：8-11，6.

[4]　García-Rubio M，Ocon P，et al. Degradation of the corrosion resistance of anodic oxide films through immersion in the anodising electrolyte[J]. Corrosion Science，2010，52（7）：2219-2227.

[5]　曹歆昕，等. 2A12 铝合金硬质阳极氧化工艺研究 [J]. 电镀与精饰，2017，39（09）：38-41.

[6]　曾鑫龙，等. 温度对 2A12 铝合金硬质阳极氧化膜性能的影响 [J]. 电镀与精饰，2018，40（09）：6-9.

[7]　查康，等. 铝合金 2A12 在低硫酸浓度下脉冲硬质阳极氧化工艺研究 [J]. 热加工工艺，2008，37（24）：21-24.

[8]　周和荣，等. 铝合金阳极氧化层在江津污染大气环境中暴露腐蚀行为研究 [J]. 中国腐蚀与防护学报，2017，37（03）：273-278.

[9]　Abdel-Gawad S A，et al. Characterization and corrosion behavior of anodized aluminum alloys for military industries applications in artificial seawater[J]. Surfaces and Interfaces，2019，14：314-323.

[10]　Mokhtari S，et al. Development of super-hydrophobic surface on Al 6061 by anodizing and the evaluation of its corrosion behavior[J]. Surface and Coatings Technology，2017，324：99-105.

[11]　Varma S K，et al. Corrosive wear behavior of 2014 and 6061 aluminum alloy composites[J]. Journal of Materials Engineering and Performance，1999，8（1）：98-102.

[12]　冯驰，黄运华，等. 6061 铝合金与 30CrMnSiA 结构钢在模拟工业 - 海洋大气环境下的电偶腐蚀防护 [J]. 中国有色金属学报，2015，25（06）：1417-1427.

[13]　黄燕滨，等. 阳极氧化在铝合金表面粘接技术中的应用综述 [J]. 装备环境工程，2012，9（03）：71-74.

[14]　赵起越，黄运华，等. 阳极氧化 6061 铝合金在工业海洋大气环境长周期暴晒时的腐蚀行为 [J]. 中国有色金属学报，2020，30（06）：1249-1262.

[15]　王沙沙，黄运华，等. 工业海洋大气环境下阳极氧化 6061 铝合金的电偶腐蚀行为 [J]. 工程科学学报，2018，40（07）：833-841.

[16]　王沙沙，黄运华，等. 硼硫酸阳极氧化 6061 铝合金在不同大气环境中的初期腐蚀行为研究 [J]. 材料研究学报，2017，31（01）：49-56.

[17]　罗来正，等. 7050 高强铝合金在我国四种典型大气环境下腐蚀行为研究 [J]. 装备环境工程，2015，12（04）：49-53.

[18]　孙擎擎，陈康华，等. 不同热处理 7150 铝合金的点蚀电位与应力腐蚀敏感性 [J]. 中国有色金属学报，2016，26（07）：1400-1407.

[19]　王晴晴，上官晓峰. 7050 铝合金在海洋大气中的接触腐蚀防护研究 [J]. 材料导报，2013，27（08）：109-116.

[20]　朱祖芳. 铝阳极氧化的应用 [J]. 电镀与涂饰，1999（01）：40-43，54.

[21]　朱祖芳. 铝合金阳极氧化工艺技术应用手册 [M]. 北京：冶金工业出版社，2007.

[22]　朱祖芳. 铝合金阳极氧化与表面处理技术. [M]. 2 版. 北京：化学工业出版社，2010.

[23]　白子恒，肖葵，等. 硫硼酸阳极氧化处理的 7050 铝合金在工业海洋大气中的腐蚀行为 [J]. 中国腐蚀与防护学报，2016，36（06）：580-586.

第 6 章

文昌海洋大气环境
镁合金的腐蚀行为

6.1 / 概述

金属镁及其合金具有低密度、高比强度、高比刚度及优良的力学性能和加工性能等优点，广泛应用于航空航天、电子、汽车等领域中，其中 AZ31 镁合金是当前应用最广泛的变形镁合金[1]。

镁合金由于具有极高的化学和电化学活性，极易发生腐蚀，关于 AZ31 镁合金户外大气腐蚀的研究较多。崔中雨等[2, 3]通过现场暴露试验研究了 AZ31 镁合金在西沙热带海洋大气环境中的腐蚀行为，暴露 1 年后的腐蚀速率为 17.66μm/a，暴露 4 年内的平均腐蚀速率为 11.95μm/a，暴露初期主要发生局部腐蚀，暴露 6 个月后转变为全面腐蚀，腐蚀产物主要由 $Mg_5(CO_3)_4(OH)_2 \cdot xH_2O$ 组成，腐蚀产物具有一定的保护性。满成等[4, 5]研究了 AZ31 镁合金在干热沙漠大气环境中的腐蚀行为，暴露 6 个月内的平均腐蚀速率约为 4.33μm/a，生成的腐蚀产物 $Mg_5(CO_3)_4(OH)_2 \cdot 0.5H_2O$ 保护基体，使得后期的腐蚀速率降低，随着暴露时间延长，腐蚀产物层中产生裂纹，腐蚀产物的保护性减弱，腐蚀速率提高，暴露 4 年后平均腐蚀速率提高至 4.47μm/a。郑弃非等[6]通过户外大气暴露试验研究了 AZ31 镁合金在万宁和青岛两个海洋大气环境试验站的腐蚀规律，结果表明 AZ31 镁合金暴露在万宁试验站和青岛试验站 5 年后的腐蚀速率分别为 37.6μm/a 和 13.5μm/a，万宁试验站的腐蚀速率高于青岛试验站，镁合金的腐蚀产物以 $MgCl_2$、$MgCO_3$、$MgSO_3$、$MgSO_4$、$Mg_5(CO_3)_4(OH)_2 \cdot 8H_2O$ 和 $Mg_2(OH)_3Cl4H_2O$ 为主。朱利萍等[7]研究了 AZ31 镁合金在万宁热带海洋大气环境中的腐蚀行为，在万宁暴露2个月后，AZ31镁合金的腐蚀速率为0.423g/（m²·月），腐蚀产物以碳酸盐为主，并含有少量的氯化物。

 6.2 **AZ31镁合金的化学成分与力学性能**

（1）化学成分 GB/T 5153—2016规定的化学成分见表6-1。

表6-1 化学成分

牌号	化学成分（质量分数）/%				
	Al	Zn	Mn	Si	Mg
AZ31B	2.5～3.5	0.6～1.4	0.2～1.0	0.08	余量

（2）力学性能 GB/T 5154—2022规定的力学性能见表6-2。

表6-2 力学性能

牌号	状态	板材厚度/mm	抗拉强度 R_m/(N/mm²)	断后伸长率/%	
				A	A_{50mm}
			不小于		
AZ31B	O	0.40～3.00	225	—	12.0
		>3.00～12.50	225	—	12.0
		>12.50～70.00	225	10.0	—
	H24	0.40～8.00	270	—	6.0
		>8.00～12.50	255	—	8.0
		>12.50～20.00	250	8.0	—
		>20.00～70.00	235	8.0	—
	H26	6.30～10.00	270	—	6.0
		>10.00～12.50	265	—	6.0
		>12.50～25.00	255	6.0	—
		>25.00～50.00	240	5.0	—
	H112	8.00～12.50	230	—	10.0
		>12.50～20.00	230	8.0	—
		>20.00～32.00	230	8.0	—
		>32.00～70.00	230	8.0	—

6.3 / 腐蚀速率

腐蚀速率计算按照标准GB/T 19292.4—2018《金属和合金的腐蚀 大气腐蚀性 第4部分：用于评估腐蚀性的标准试样的腐蚀速率的测定》进行，通过失重法得到腐蚀失重和腐蚀失厚（表6-3）。

表6-3　AZ31镁合金在文昌户外暴露腐蚀失重和腐蚀失厚

试验方式	暴露时间							
	0.5年		1年		2年		4年	
	腐蚀失重/(g/m²)	腐蚀失厚/mm	腐蚀失重/(g/m²)	腐蚀失厚/mm	腐蚀失重/(g/m²)	腐蚀失厚/mm	腐蚀失重/(g/m²)	腐蚀失厚/mm
文昌户外	14.33	0.008	30.53	0.017	43.99	0.025	70.70	0.040

对试验数据进行分析，失重与时间的数据符合幂函数规则：

$$D=At^n$$

式中，D为材料的重量损失，g/m^2；t为暴露时间，月；A和n为常数。

A值越大，材料的初始腐蚀速率越高。n反映了腐蚀产物的物理化学性质及其与大气环境的相互作用。n值越小，腐蚀产物的保护作用越强。对其进行幂函数拟合（表6-4），R^2是幂函数拟合相关系数。

表6-4　幂函数拟合曲线相关参数

参数	A	n	R^2
值	5.083	0.68	0.9750

图6-1和图6-2分别是AZ31镁合金在文昌户外暴露4年内的腐蚀失重拟合曲线和腐蚀失厚曲线及腐蚀速率变化曲线图。AZ31镁合金在文昌户外暴露12个月的腐蚀失重速率和腐蚀失厚速率分别为30.53g/（m²·a）和0.017mm/a（表6-5），在第48个月时，AZ31镁合金的腐蚀失重达到70.70g/m²。从AZ31镁合金在户外暴露过程中腐蚀

表6-5　AZ31镁合金在文昌户外暴露不同时间腐蚀速率

试验方式	暴露时间							
	0.5年		1年		2年		4年	
	失重速率/[g/(m²·a)]	失厚速率/(mm/a)	失重速率/[g/(m²·a)]	失厚速率/(mm/a)	失重速率/[g/(m²·a)]	失厚速率/(mm/a)	失重速率/[g/(m²·a)]	失厚速率/(mm/a)
文昌户外	28.66	0.016	30.53	0.017	22.00	0.012	17.68	0.010

速率随时间的变化曲线可以看出，AZ31镁合金在暴露初期腐蚀速率较高，暴露12个月时腐蚀速率值达最大，随着暴露时间延长，腐蚀速率呈下降趋势。对其大气腐蚀失重进行幂函数拟合，得其拟合函数方程$D=5.083t^{0.68}$，拟合方程相关系数为0.9750。n值小于1，表明腐蚀是逐渐减缓的过程，腐蚀产物对镁合金具有一定的保护性。

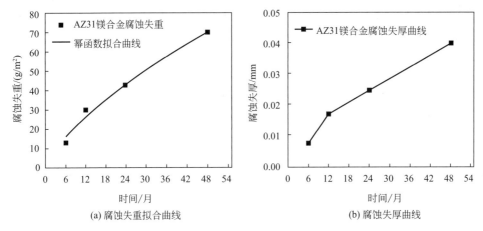

(a) 腐蚀失重拟合曲线　　　　　　　　　(b) 腐蚀失厚曲线

图6-1　AZ31镁合金在文昌户外暴露腐蚀失重拟合曲线及腐蚀失厚曲线

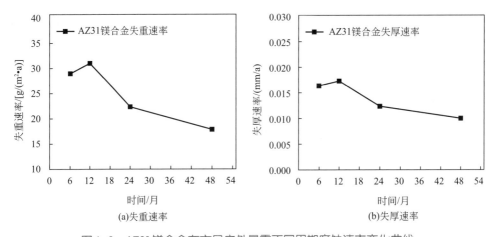

(a)失重速率　　　　　　　　　(b)失厚速率

图6-2　AZ31镁合金在文昌户外暴露不同周期腐蚀速率变化曲线

6.4　腐蚀形貌

图6-3是AZ31镁合金在文昌户外暴露6、12、24、48个月后的表面宏观腐蚀形貌图，随着暴露时间延长，镁合金表面暗灰色腐蚀产物增多，镁合金的腐蚀逐渐严重。

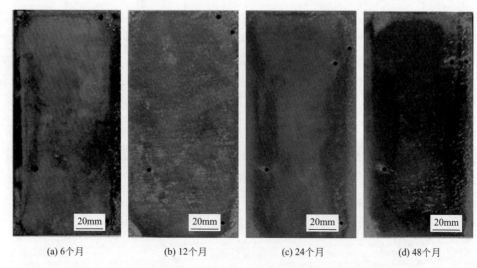

(a) 6个月 (b) 12个月 (c) 24个月 (d) 48个月

图6-3 AZ31镁合金在文昌户外暴露不同时间后的宏观腐蚀形貌

图6-4是AZ31镁合金在文昌户外暴露24和48个月后去除腐蚀产物后的蚀坑腐蚀

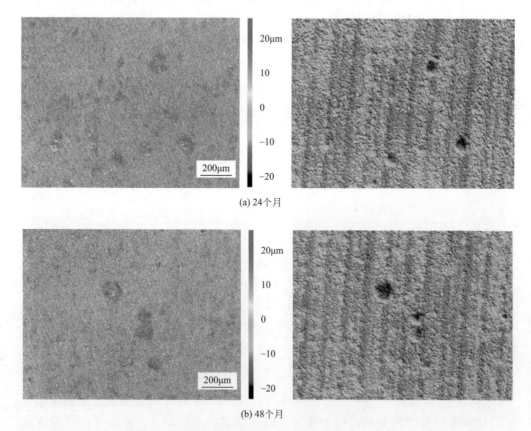

(a) 24个月

(b) 48个月

图6-4 AZ31镁合金在文昌户外暴露不同时间后去除腐蚀产物的蚀坑腐蚀深度形貌

深度形貌图。从图中可以看出，AZ31镁合金表面发生了全面腐蚀，表面蚀坑尺寸不一，腐蚀深度存在局部差异，局部区域的蚀坑较大。随着暴露时间增加，蚀坑的深度有所增大，但与暴露24个月后的蚀坑形貌相比，暴露48个月后的AZ31镁合金表面蚀坑的形态及数量没有发生较大的变化，蚀坑发展较缓慢。

6.5　腐蚀产物

图6-5为AZ31镁合金在文昌户外暴露24和48个月后的微观腐蚀形貌和能谱结果图。从腐蚀形貌和能谱结果可看出，其表面腐蚀产物主要由Mg、Al、O元素组成，主要物质为镁的氧化物。经过24个月暴露后，试样表面覆盖着一层较为致密的腐蚀产物，对基体具有一定的保护作用，但表面伴随出现较多腐蚀微裂纹和蚀坑。48个月后腐蚀加剧，试样表面腐蚀产物不均匀性增加，局部蚀坑增大。

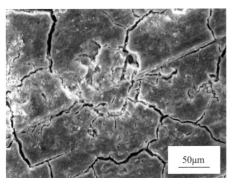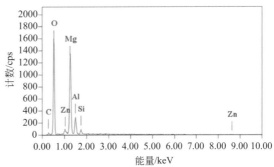

(a) 24个月

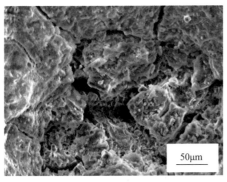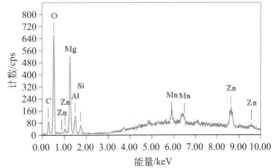

(b) 48个月

图6-5　AZ31镁合金在文昌户外暴露不同时间后的微观腐蚀形貌和能谱结果

图6-6是AZ31镁合金在文昌户外分别暴露24和48个月后表面腐蚀产物的XRD测试分析结果。从峰的位置来看，AZ31镁合金的主要腐蚀产物为$Mg_5(CO_3)_4(OH)_2 \cdot$

$5H_2O$ 和 $Mg_5(CO_3)_4(OH)_2 \cdot 4H_2O$。镁的碳酸盐腐蚀产物通常由海洋大气环境中 CO_2 与 $Mg(OH)_2$ 反应形成。

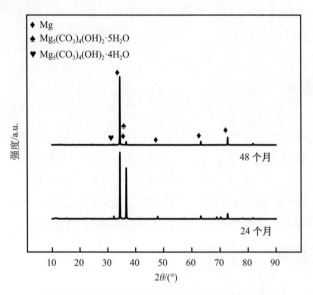

图6-6   AZ31镁合金在文昌户外暴露不同时间后腐蚀产物XRD图谱

参考文献

[1] 肖盼，等. AZ31镁合金的研究进展[J]. 重庆大学学报（自然科学版），2006（11）：81-84.

[2] Cui Z，Li X，et al. Atmospheric corrosion of field-exposed AZ31 magnesium in a tropical marine environment[J]. Corrosion Science，2013，76：243-256.

[3] 崔中雨，李晓刚，等. 西沙严酷海洋大气环境下AZ31镁合金的长周期腐蚀行为[J]. 工程科学学报，2014（3）：339-344.

[4] Man C，Dong C，et al. The Corrosion behavior of magnesium alloy AZ31 in hot and dry atmospheric environment in Turpan，China[J]. International Journal of Electrochemical Science，2015，10：8691-8705.

[5] Man C，Dong C，et al. Long-term corrosion kinetics and mechanism of magnesium alloy AZ31 exposed to a dry tropical desert environment[J]. Corrosion Science，2020，163：108274.

[6] 郭初蕾，郑弃非，等. AZ31镁合金在海洋大气环境中的腐蚀行为[J]. 稀有金属，2013，37（1）：21-26.

[7] 朱利萍，等. 镁合金在万宁标准试验场的大气腐蚀行为[J]. 腐蚀与防护，2014，35（9）：912-916.

第7章

文昌海洋大气环境
钛合金的腐蚀行为

7.1 概述

钛在热力学上是一种不稳定的金属，钝电位较负，因此在大气环境或水溶液中易形成具有保护性的氧化膜，减缓钛在腐蚀性介质中的溶解[1]。随着海洋装备对高性能材料的需求越来越迫切，钛合金以高强度、较高的耐腐蚀性和耐热性等优良性能而受到重视[2]。

实际海洋环境中含有丰富的盐类物质，大气环境具有高污染的特点；海洋大气环境中，海盐的沉降和金属材料表面液膜的形成，使得海洋大气环境对各种金属材料具有较强的腐蚀性。胡玉婷等[3]对TC4钛合金铆接件进行周期性浸润，研究在模拟海洋大气环境中的腐蚀行为，TC4钛合金表面的腐蚀产物主要为TiO_2和Ti_2O_3等含钛氧化物组成的氧化膜。另外，杨小佳等[4]发现硫化物将导致TA2钛合金钝化膜稳定性下降。Mansfeld等[5]通过电化学试验发现，在海洋介质中钛的腐蚀速率是由电荷转移决定的。章蓄英[6]在广州湿热大气环境中，对TA2和TC4钛合金进行了10年暴露试验，试样外观无明显的变化，表面有轻微的点蚀，腐蚀速率趋于0，耐大气腐蚀性能良好。

本章主要通过失重法对TA2钛合金腐蚀动力学进行分析，采用3D LSCM（激光扫描共聚焦显微镜）和SEM对TA2钛合金在文昌户外暴露不同周期的腐蚀情况进行宏观和微观形貌的观察，通过EDS和X射线衍射对TA2钛合金表面腐蚀产物进行成分分析。

7.2 / **TA2钛合金的化学成分与力学性能**

（1）化学成分　GB/T 3620.1—2016规定的化学成分见表7-1。

表7-1　化学成分

牌号	名义化学成分	化学成分(质量分数)/%，不大于					
		Ti	Fe	C	N	H	O
TA2	工业纯钛	余量	0.30	0.10	0.03	0.015	0.25

（2）力学性能　力学性能见表7-2。

表7-2　力学性能

牌号	屈服强度R_{eH}/(N/mm²)	抗拉强度R_m/(N/mm²)	断后伸长率A/%	冲击试验(V型)	
	厚度(或直径)/mm		厚度(或直径)/mm	温度/℃	冲击吸收功/J
	0.3 ～ 25.0		0.3 ～ 25.0		
TA2	373	≥400	≥25	—	—

7.3 / **腐蚀速率**

腐蚀速率计算按照标准GB/T 19292.4—2018《金属和合金的腐蚀 大气腐蚀性 第4部分：用于评估腐蚀性的标准试样的腐蚀速率的测定》进行，通过失重法得到腐蚀失重和腐蚀失厚（表7-3和图7-1）。

表7-3　TA2在文昌户外暴露腐蚀失重和腐蚀失厚

品种	试验方式	暴露时间							
		0.5年		1年		2年		4年	
		腐蚀失重/(g/m²)	腐蚀失厚/mm	腐蚀失重/(g/m²)	腐蚀失厚/mm	腐蚀失重/(g/m²)	腐蚀失厚/mm	腐蚀失重/(g/m²)	腐蚀失厚/mm
轧制板材	文昌户外	0	0	4.563×10^{-8}	0.0010	4.761×10^{-8}	0.0011	6.157×10^{-8}	0.0014

根据失重公式及各试验数据可计算得到TA2钛合金试样在文昌户外暴露试验的失重情况。结果显示，TA2钛合金试样在6个月时失重非常小，几乎为0；12个月时试样失重明显，增至4.563×10^{-8}g/m²；但随着暴露时间的延长，TA2钛合金试样的失重增量逐渐减少。

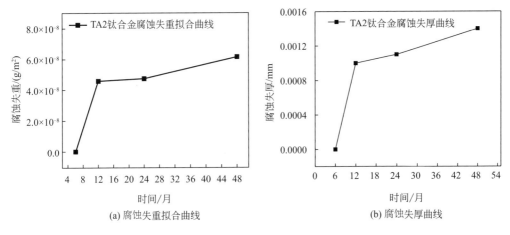

(a) 腐蚀失重拟合曲线　　(b) 腐蚀失厚曲线

图7-1　TA2钛合金在文昌户外暴露腐蚀失重拟合曲线及腐蚀失厚曲线

TA2钛合金在文昌户外暴露不同时间腐蚀速率及其变化曲线分别见表7-4和图7-2。

表7-4　TA2在文昌户外暴露不同时间腐蚀速率

品种	试验方式	暴露时间							
		0.5年		1年		2年		4年	
		失重速率 /[g/(m²·a)]	失厚速率 /(mm/a)	失重速率 /[g/(m²·a)]	失厚速率 /(mm/a)	失重速率 /[g/(m²·a)]	失厚速率 /(mm/a)	失重速率 /[g/(m²·a)]	失厚速率 /(mm/a)
轧制板材	文昌户外	0	0	4.563×10^{-8}	0.0010	2.381×10^{-8}	0.00055	1.539×10^{-8}	0.00035

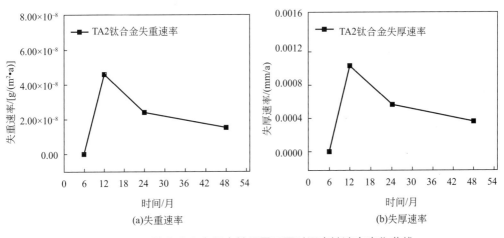

(a)失重速率　　(b)失厚速率

图7-2　TA2钛合金在文昌户外暴露不同时间腐蚀速率变化曲线

7.4

7.4 / 腐蚀形貌

TA2钛合金经不同周期的户外暴露试验，除去锈层后表面呈波纹状凸起，有少量点蚀坑，并有局部裂纹出现（图7-3）。图7-4（a）所示为TA2钛合金经过24个月的文昌户外大气暴露试验后的组织微观形貌和能谱结果。由能谱结果可知，其表面腐蚀产物主要包含Ti和O两种元素，以及少量的Cl元素等，因此可以推测表面呈波纹状分布的腐蚀产物为TA2钛合金在文昌海洋大气环境中形成的氧化膜。

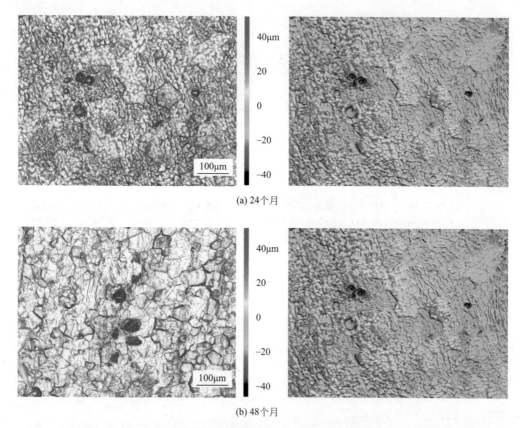

(a) 24个月

(b) 48个月

图7-3　TA2钛合金在文昌户外暴露不同时间后去除腐蚀产物的蚀坑深度形貌

图7-3所示为在文昌户外暴露试验后的TA2钛合金表面腐蚀形貌。如图7-3（b）所示，腐蚀坑开始逐渐增大，表面斑驳开裂。图7-4（b）所示为TA2钛合金经过48个月的文昌户外大气暴露试验后的组织微观形貌和能谱结果。钛合金表面出现针状结晶，根据能谱结果显示，结晶成分为K、Na、Cl和O等元素，可以推测是大气中

的海盐粒子在表面形成的沉积产物。同时，试样表面粗糙不平，有少量腐蚀坑和破碎的腐蚀产物；该区域各元素的质量比为 C ： O ： Ti ： Cl ： Na ： K = 50.21 ： 17.21 ： 10.64 ： 12.35 ： 4.5 ： 0.57，腐蚀产物中 O 元素含量较高，可能是由于表面具有保护性的氧化膜遭到局部破坏后形成腐蚀坑，加剧了钛合金金属基体的侵蚀。TA2 钛合金经过 48 个月的文昌海洋大气暴露试验后表面仍较完整。

(a) 24个月

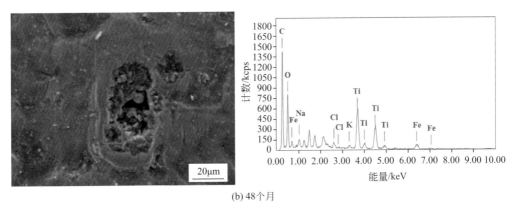

(b) 48个月

图 7-4　TA2 钛合金在文昌户外暴露不同时间后的腐蚀产物微观形貌和能谱结果

7.5　腐蚀产物

对文昌户外暴露试验后的 TA2 钛合金表面进行 X 射线衍射测试，结果如图 7-5 所示。经 4 周期的文昌户外暴露试验后，XRD 结果显示试样表面几乎没有较明显的腐蚀产物生成，TA2 钛合金在文昌户外大气环境中不生成表面锈层，因此对海洋大气环境具有良好的耐腐蚀性。

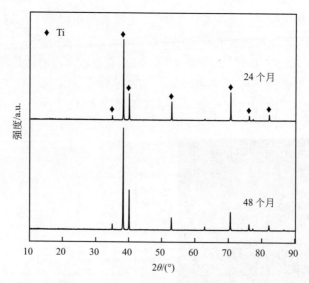

图7-5　TA2钛合金在文昌户外暴露不同时间后的腐蚀产物XRD图谱

参考文献

[1] 张招贤. 钛电极工学[M]. 北京：冶金工业出版社，2000.

[2] 郭鲤，刘标. 我国钛及钛合金产品的研究现状及发展前景[J]. 热加工工艺，2020，49（22）：22-28.

[3] 胡玉婷，肖葵，等. 海洋大气环境下TC4钛合金与316L不锈钢铆接件腐蚀行为研究[J]. 中国腐蚀与防护学报，2020，40（02）：167-174.

[4] 杨小佳，李晓刚，等. 工业纯钛TA2在含硫化物深海水环境中的应力腐蚀行为[J]. 中国表面工程，2019，32（04）：17-26.

[5] Mansfeld F，Xiao H，et al. The corrosion behavior of copper alloys，stainless steels and titanium in seawater[J]. Corrosion Science. 1994，36：2063-2095.

[6] 章蔷英. 有色金属铝、铜、钛及其合金在湿热地区广州十年大气腐蚀试验结果[J]. 环境技术，1997（04）：3-7.

第8章

文昌海洋大气环境蒙乃尔合金的腐蚀行为

8.1 / Monel 400

8.1.1 / 概述

蒙乃尔合金也称为镍铜合金或镍合金，以金属镍为基体，以铜为补充，并添加少量的铁、锰、硅等多种元素，是非常重要的镍基耐腐蚀合金之一[1]。与一般传统的奥氏体不锈钢及其他常见的耐腐蚀材料相比，蒙乃尔合金在复杂的工况腐蚀环境中，有良好的耐各种腐蚀形式的抗侵蚀能力[2]和良好稳定的力学性能，并获得了广泛的使用。使用蒙乃尔合金制造的设备与构件有许多种，其较多地用于制造各种换热器设备、锅炉给水加热器、石油化工管道、蒸汽化工塔、槽罐、反应釜、弹性构件以及泵、阀、轴等[3]。

蒙乃尔合金是镍基耐蚀合金中典型的二元系的镍铜合金，20世纪前期，美国国际镍公司（International Nickel Inco）就已研制成功[4]，并于1906年申请专利，其合金成分相当于我国的镍铜合金MCu-28-2.5-1.5（GB/T 5235—2021）。Ni与Cu的固溶性好，可以完全固溶，本质上是二元系合金，其镍和铜的比例与镍铜矿石中的比例很相似，因此也常常被称为"自然"系合金。铜和镍元素有许多相似的物理性质，本身也有良好的耐腐蚀性能，两者互溶能够达到较强的固溶强化作用，从而形成高强度的单相奥氏体组织，其兼有镍和铜元素的各自特征及合金化的固溶强化效能。腐蚀性方面，在还原性气氛下比纯Ni更耐腐蚀，而在氧化气氛下比Cu更耐腐蚀[5]，在空气中完全耐腐蚀，在海水、Cl⁻的中性水溶液中也有很好的耐腐蚀性，对大多数稀盐酸、稀硫酸、H_3PO_4及苛刻的盐碱性溶液都有较好的耐腐蚀性，在氢氟酸和氟气介质中也具有优异的耐腐蚀性，是可耐氢氟酸腐蚀的重要材料之一，但对浓硫酸、浓硝酸、某些硫酸化物和氯化物的氧化性盐都是不太耐腐蚀的[6]。Monel 400镍基合金是最典型的蒙乃尔合金，具有可焊接性良好、较高的耐中等温度的强度及耐腐蚀性强等优点，且色泽美观，在电气设备、化学化工容器、机械零部件、工艺装饰品和医疗器械等领域有广泛的应用[7]。

8.1.2 ／ 化学成分与力学性能

（1）化学成分　ASTM B127规定的化学成分见表8-1。

表8-1　化学成分

牌号	化学成分（质量分数）/%						
	Ni	Cu	Fe	Mn	C	Si	S
Monel 400	≥63.0	28～34	≤2.5	≤2.0	≤0.3	≤0.5	≤0.024

（2）力学性能　力学性能见表8-2。

表8-2　力学性能

牌号	抗拉强度 R_m/(N/mm²)	屈服强度 R_{eH}/(N/mm²)	伸长率 A/%	硬度	
				HB	HRB
Monel 400	70～95	482～655	28～75	193～517	30～50

8.1.3 ／ 腐蚀速率

腐蚀速率计算按照标准GB/T 19292.4—2018《金属和合金的腐蚀 大气腐蚀性 第4部分：用于评估腐蚀性的标准试样的腐蚀速率的测定》进行，通过失重法得到腐蚀失重和腐蚀失厚（表8-3和图8-1）。

表8-3　Monel 400在文昌户外暴露腐蚀失重和腐蚀失厚

品种	试验方式	暴露时间							
		0.5年		1年		2年		4年	
		腐蚀失重/(g/m²)	腐蚀失厚/mm	腐蚀失重/(g/m²)	腐蚀失厚/mm	腐蚀失重/(g/m²)	腐蚀失厚/mm	腐蚀失重/(g/m²)	腐蚀失厚/mm
轧制板材	文昌户外	0.082	0.002	0.101	0.0024	0.116	0.0027	0.123	0.0028

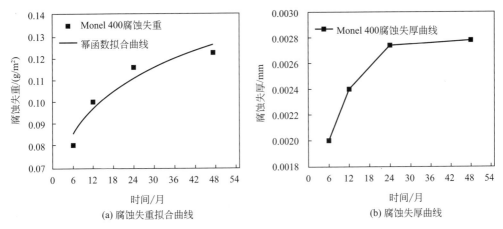

图 8-1　Monel 400 在文昌户外暴露腐蚀失重拟合曲线及腐蚀失厚曲线

对试验数据进行分析，失重与时间的数据符合式（8-1）幂函数规则：

$$D = At^n \qquad (8\text{-}1)$$

式中，D 为材料的重量损失，g/m^2；t 为暴露时间，月；A 和 n 为常数。

A 值越大，钢的初始腐蚀速率越高。n 反映了锈层的物理化学性质及其与大气环境的相互作用。n 值越小，锈层的保护作用越强。对其进行幂函数拟合（表 8-4），R^2 是幂函数拟合相关系数。

表 8-4　幂函数拟合曲线相关参数

参数	A	n	R^2
值	0.062	0.185	0.9307

图 8-1 和图 8-2 所示分别为 Monel 400 合金在文昌户外暴露 4 年内的腐蚀失重拟合

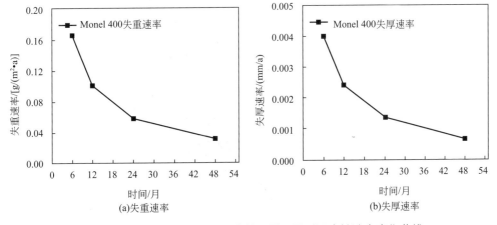

图 8-2　Monel 400 合金在文昌户外暴露不同时间腐蚀速率变化曲线

曲线、腐蚀失厚曲线和腐蚀速率变化曲线。在第48个月时，Monel 400合金的失重达到0.123g/m²，Monel 400合金在文昌户外暴露第一年的腐蚀失重速率和腐蚀失厚速率分别为0.101g/（m²·a）和2.40μm/a（表8-5）。从Monel 400合金在户外暴露过程中腐蚀速率随时间的变化曲线可以看出，虽然Monel 400合金在暴露初期腐蚀速率较高，但随着时间推移，腐蚀速率呈下降趋势。对其大气腐蚀失重进行幂函数拟合，得其拟合函数方程为$D=0.062t^{0.185}$，拟合方程相关系数为0.9307。Monel 400合金在初期腐蚀状态比较严重，但n值小于1，表明腐蚀是逐渐减缓的过程。

表8-5　Monel 400在文昌户外暴露不同周期腐蚀速率

品种	试验方式	暴露时间							
		0.5年		1年		2年		4年	
		失重速率/[g/(m²·a)]	失厚速率/(mm/a)	失重速率/[g/(m²·a)]	失厚速率/(mm/a)	失重速率/[g/(m²·a)]	失厚速率/(mm/a)	失重速率/[g/(m²·a)]	失厚速率/(mm/a)
轧制板材	文昌户外	0.164	0.004	0.101	0.0024	0.058	0.0014	0.031	0.0007

8.1.4 ╱ 腐蚀形貌

图8-3是Monel 400在文昌户外暴露12和48个月后的表面宏观腐蚀形貌图，从图中可知，随着暴露时间延长，试样表面无锈层富集现象，局部区域存在淡绿色锈蚀产物，且与暴露12个月的试样相比，暴露48个月的试样锈层产物增多，但材料整体锈蚀特征没有明显变化。

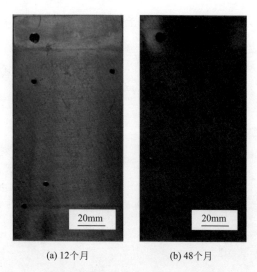

(a) 12个月　　　　　(b) 48个月

图8-3　Monel 400合金在文昌户外暴露不同时间后的宏观腐蚀形貌

　　图8-4是 Monel 400合金在户外暴露12和48个月后去除腐蚀产物后的蚀坑腐蚀深度形貌图。从图中可以看出，Monel 400合金表现出较大的蚀坑，该蚀坑对合金的力学性能等方面具有重要影响。随着时间的增加，蚀坑的密度有所增加，直径有所增大，48个月后，蚀坑相互连接，但腐蚀过程仍以点蚀形态为主。

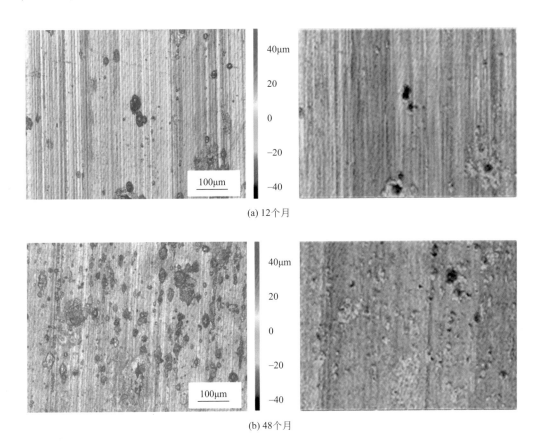

(a) 12个月

(b) 48个月

图8-4　Monel 400合金在文昌户外暴露不同时间后去除腐蚀产物的蚀坑蚀坑深度腐蚀形貌

8.1.5　腐蚀产物

　　图8-5所示为 Monel 400合金在文昌户外暴露12和48个月后的表面微观形貌和能谱结果。从腐蚀形貌和能谱结果可看出，其表面腐蚀产物主要由Fe、Cr、Ni、Cu元素组成，含有少量的O，即腐蚀产物较少。经过12个月的户外暴露后，试样表面大部分区域仍处于平整均匀状态，点蚀现象在部分区域发生，存在腐蚀萌生的初期腐蚀破坏区域，而户外暴露48个月后，试样表面布满密集的点蚀坑，且蚀坑逐渐扩大，相互连接。

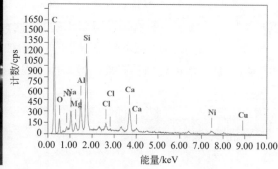

(a) 12个月

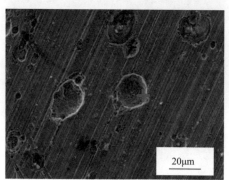
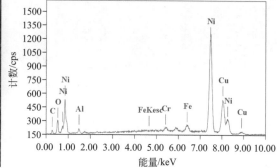

(b) 48个月

图8-5　Monel 400合金在文昌户外暴露不同时间后的腐蚀产物微观形貌和能谱结果

图8-6所示为对Monel 400合金在文昌户外分别暴露12和48个月后的表面腐蚀产物进行XRD测试分析的结果。从峰的位置来看，Monel 400在暴露12和48个月后表面产物为Ni_3Fe，腐蚀产物单一稳定，可以看出随着时间增加，该腐蚀产物增加。

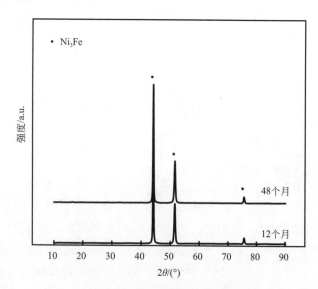

图8-6　Monel 400合金在文昌户外暴露不同时间后的腐蚀产物XRD图谱

8.2 Monel K500

8.2.1 概述

Monel K500合金具有优良的耐腐蚀性，同时具有比Monel 400合金更高的强度和硬度。这是由于在合金中加入了Al、Ti等元素，经一定的热处理后，在基体上存在弥散的金属间化合物。组织结构为单相奥氏体组织和弥散的Ni_3Al（Ni_3Ti）沉淀相析出。Monel K500合金主要用于泵轴和叶轮、输送器刮刀、油井钻环、弹性部件、阀垫等，也可以制造各种换热设备、锅炉给水加热器、石油和化工管线、容器、塔、槽、阀门、泵、反应釜、轴等。

Chen等[8]系统地研究了Monel K500合金在人工海水中与Al_2O_3销摩擦的电化学和摩擦腐蚀行为。可以观察到由于滑动而导致呈开路电位的阴极位移和电流密度的两个数量级的增加。总的摩擦腐蚀体积损失随着外加电位的增加而增加，并且在外加电位为0.5V和0.9V时，材料的总损耗是纯机械磨损时的三倍以上，证实了磨损和腐蚀之间的协同作用。特别是在高电位下，磨损诱发腐蚀（ΔK_c）和腐蚀诱发磨损（ΔK_w）的贡献占主导地位。秦明花[9]采用管流、射流、微区电化学及电化学试验研究了Monel K500合金在流动海水及静止海水中，冲刷腐蚀和点蚀的典型腐蚀特征及影响因素。通过管流试验研究了该合金在3m/s的无砂海水中的冲刷腐蚀，发现线性极化测试方法可以作为该合金冲刷腐蚀程度原位监测的一种快速监测手段，结合成分及形貌分析可知该合金具有很好的耐冲刷腐蚀性能，其腐蚀速率约为0.004mm/a。Monel K500合金的钝化膜组成为NiO、Cu_2O及CuO，铁原子会固溶进Cu_2O空位中，从而进一步提高钝化膜的致密度。通过射流试验发现含砂量是影响合金冲刷腐蚀速率的主要因素，砂砾的切削作用会对合金产生较严重的危害，容易在合金表面形成犁沟，腐蚀形貌为鱼鳞状。通过微区电化学研究了Monel K500合金的点蚀特征。Monel K500合金点蚀的生长十分缓慢，这主要与Monel K500合金能自我修复有关，点蚀萌生后，低电位值会从点蚀中心位置向邻近区域转移，点蚀朝深度方向的扩展速度进一步降低。

8.2.2 化学成分与力学性能

（1）化学成分 ASTM B865规定的化学成分见表8-6。

表8-6 化学成分

牌号	范围	化学成分(质量分数)/%								
		Ni	Cu	Al	Ti	Fe	Mn	S	C	Si
Monel K500	最小值	63	27.0	2.30	0.35	—	—	—	—	—
	最大值	—	33.0	3.15	0.85	2.0	1.5	0.01	0.25	0.5

（2）力学性能 力学性能见表8-7。

表8-7 力学性能

牌号	抗拉强度 $R_m/(N/mm^2)$	屈服强度 $R_{eff}/(N/mm^2)$	伸长率 $A/\%$	硬度	
				HB	HRB
Monel K500	70~90	482~621	25~60	172~413	30~45

8.2.3 腐蚀速率

腐蚀速率计算按照标准GB/T 19292.4—2018《金属和合金的腐蚀 大气腐蚀性 第4部分：用于评估腐蚀性的标准试样的腐蚀速率的测定》进行，通过失重法得到腐蚀失重和腐蚀失厚（表8-8和图8-7）。

表8-8 Monel K500合金在文昌户外暴露腐蚀失重和腐蚀失厚

品种	试验方式	暴露时间							
		0.5年		1年		2年		4年	
		腐蚀失重 /(g/m²)	腐蚀失厚 /mm	腐蚀失重 /(g/m²)	腐蚀失厚 /mm	腐蚀失重 /(g/m²)	腐蚀失厚 /mm	腐蚀失重 /(g/m²)	腐蚀失厚 /mm
轧制板材	文昌户外	0.0881	0.0021	0.110	0.0026	0.1168	0.0028	0.1272	0.0031

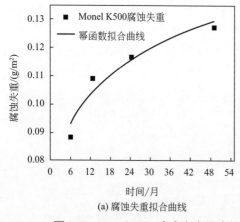

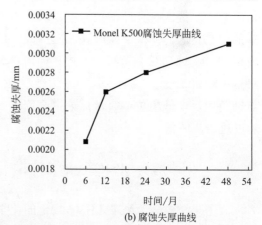

(a) 腐蚀失重拟合曲线　　　　　(b) 腐蚀失厚曲线

图8-7 Monel K500合金在文昌户外暴露腐蚀失重拟合曲线及腐蚀失厚曲线

对试验数据进行分析，失重与时间的数据符合式（8-1）幂函数规则，对其进行幂函数拟合（表8-9）。

表8-9　幂函数拟合曲线相关参数

参数	A	n	R^2
值	0.0698	0.159	0.9233

图8-7和图8-8所示分别是Monel K500合金在文昌户外暴露4年内的腐蚀失重拟合曲线、腐蚀失厚曲线和腐蚀速率变化曲线。在第48个月时，Monel K500合金的失重达到0.1272g/m²。Monel K500合金在文昌暴露第一年的腐蚀失重速率和腐蚀失厚速率分别为0.11g/（m²·a）和2.60μm/a（表8-10）。从Monel K500合金在户外暴露过程中腐蚀速率随时间的变化曲线可以看出，虽然Monel K500合金在暴露初期腐蚀速率较高，但随着时间推移，腐蚀速率呈下降趋势。对其大气腐蚀失重进行幂函数拟合，得其拟合函数方程为$D=0.0698t^{0.159}$，拟合方程相关系数为0.9233。Monel K500合金在初期腐蚀状态比较严重，但n值小于1，表明腐蚀是逐渐减缓的过程。

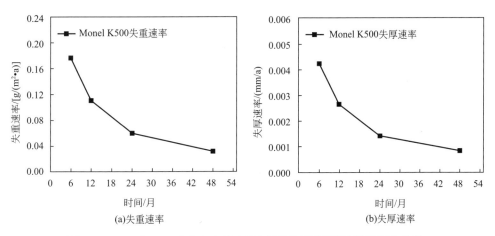

(a)失重速率　　　　　　　　　　(b)失厚速率

图8-8　Monel K500合金在文昌户外暴露不同时间腐蚀速率变化曲线

表8-10　Monel K500合金在文昌户外暴露不同时间腐蚀速率

品种	试验方式	暴露时间							
		0.5年		1年		2年		4年	
		失重速率/[g/(m²·a)]	失厚速率/(mm/a)	失重速率/[g/(m²·a)]	失厚速率/(mm/a)	失重速率/[g/(m²·a)]	失厚速率/(mm/a)	失重速率/[g/(m²·a)]	失厚速率/(mm/a)
轧制板材	文昌户外	0.176	0.0042	0.110	0.0026	0.058	0.0014	0.032	0.0008

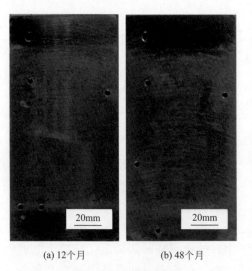

(a) 12个月　　　　　　(b) 48个月

图8-9　Monel K500合金在文昌户外暴露
不同时间后的宏观腐蚀形貌

8.2.4 ╱ 腐蚀形貌

图8-9是Monel K500合金在文昌户外暴露12和48个月后的表面宏观腐蚀形貌图。从图中可知，随着暴露时间延长，试样表面无锈层富集现象，局部区域存在淡绿色锈蚀产物，其整体锈蚀特征没有明显变化。

图8-10是Monel K500合金在暴露12和48个月后去除腐蚀产物后的蚀坑腐蚀深度形貌图。从图中可以看出，Monel K500合金表现出较大的蚀坑，该蚀坑对材料的力学性能等方面具有重要影响。随着时间的增加，蚀坑的密度有所增加，直径有所

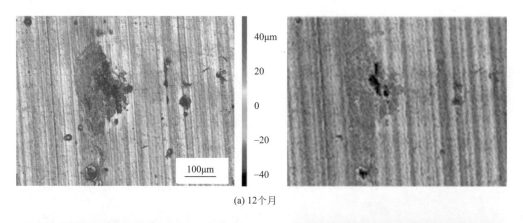

(a) 12个月

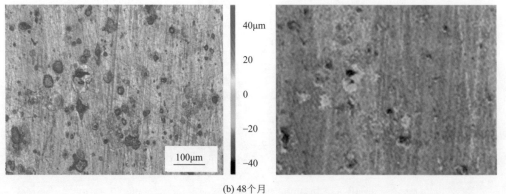

(b) 48个月

图8-10　Monel K500合金在文昌户外暴露不同时间后去除腐蚀产物的蚀坑深度腐蚀形貌

增大，48个月后，凹坑相互连接，但腐蚀过程仍以点蚀形态为主。

 ### 8.2.5 　腐蚀产物

图8-11是Monel K500合金在文昌户外暴露12和48个月后的表面微观形貌图和能谱结果图。从腐蚀形貌和能谱结果可看出，其表面腐蚀产物主要由Al、Mg、Ni、Mo、O元素组成。从图8-11中可看出，Monel K500合金表面存在鳞片状腐蚀产物，经过12个月的户外暴露后，试样表面可以看到明显的点蚀萌生现象，蚀坑内夹杂物还未脱落，而户外暴露48个月后，试样表面虽然存在点蚀坑，但点蚀坑密度小于Monel 400合金。

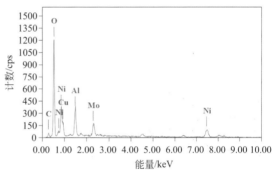

(a) 12个月

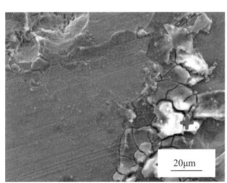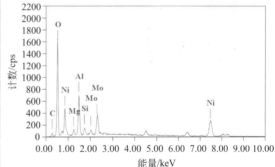

(b) 48个月

图8-11　Monel K500合金在文昌户外暴露不同时间后的腐蚀产物微观形貌和能谱结果

图8-12所示是对Monel K500合金在文昌户外分别暴露12和48个月后的表面腐蚀产物进行XRD测试分析的结果。从峰的位置来看，与Monel 400合金相似，其在12和48个月表面产物为Ni_3Fe，腐蚀产物单一稳定，可以看出随着时间增加，该腐蚀产物增加。

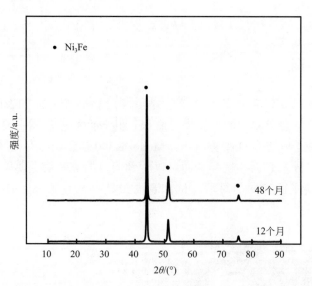

图8-12　Monel K500合金在文昌户外暴露不同时间后的腐蚀产物XRD图谱

参考文献

[1] 杨瑞成，郑丽平，等. 镍基耐蚀合金特性、进展及其应用[J]. 兰州理工大学学报，2002，28（4）：28-33.

[2] 叶康民. 金属腐蚀与防护概论[M]. 北京：人民教育出版社，1980.

[3] 左禹，熊金平. 工程材料及其耐蚀性[M]. 北京：中国石化出版社，2008.

[4] Shoemaker L E，Smith G D. A century of monel metal：1906–2006[J]. Jom the Journal of the Minerals Metals and Materials Society，2006，58（9）：22-26.

[5] 唐清华，张文良，等. Monel400波纹管焊接工艺的研究[J]. 焊接，2015（3）：43-44.

[6] 赵瑞辉. 蒙乃尔合金NCu30材料焊接工艺[J]. 金属加工：热加工，2015（8）：63-65.

[7] 郑明新. 工程材料[M]. 北京：清华大学出版社，1991.

[8] Chen J，Yan F，et al. Effect of applied potential on the tribocorrosion behaviors of Monel K500 alloy in artificial seawater[J]. Tribology International，2015，Volume 81：PP1-8.

[9] 秦明花. Monel K-500合金在海水中耐蚀性能的研究[D]. 北京：钢铁研究总院，2021.

第 9 章

文昌海洋大气环境
铜合金的腐蚀行为

9.1 紫铜（T2）

9.1.1 概述

　　近年来关于紫铜（工业纯铜）的户外大气腐蚀研究比较全面。孔德成等[1, 2]在我国吐鲁番典型干热自然环境中，对纯铜进行了为期三年和四年的大气暴露试验，测得紫铜的年腐蚀速率分别约为$2.9g/(m^2 \cdot a)$和$2.24g/(m^2 \cdot a)$。同时，观察到腐蚀产物分布不均，这归因于在干-湿和冷-热循环中发生的脱水过程，腐蚀产物主要为（Cu_2O）和[$Cu_2Cl(OH)_3$]。电化学测试结果表明，腐蚀产物阻碍了腐蚀的进一步发展。随着温度的升高，其耐腐蚀性降低。同时，沉积层的多孔和不均匀结构导致了阴极和阳极反应点的空间分离，加速了在潮湿和降雨天气下的腐蚀过程。

　　崔中雨等[3]研究发现紫铜和黄铜在西沙海洋大气环境中的腐蚀产物分别为Cu_2O、$Cu_2Cl(OH)_3$和ZnO、$Zn_5(OH)_8Cl_2 \cdot H_2O$。万晔等[4, 5]设计了海洋大气环境模拟系统，以研究紫铜在NaCl沉积、温度、相对湿度和紫外线辐照等因素协同作用下的腐蚀情况，采用电化学极化曲线分析紫铜经不同波长紫外线辐照射后自腐蚀电位和电流密度的变化，进而分析紫外光照对紫铜腐蚀的影响机制。结果表明腐蚀产物主要有$Cu(OH)Cl$和$Cu_2Cl(OH)_3$，随着腐蚀时间的延长，腐蚀产物种类不变，只是数量不断增多，试样表面出现孔洞和微裂纹，为腐蚀反应的进行提供更多的通道，在这些表面缺陷上方产生新的产物。经波长为185nm的紫外线辐照后试样的自腐蚀电位最高、电流密度最小，经波长为254nm的紫外线辐照后试样自腐蚀电位最低、电流密度最大。同时还分别在（80±1）℃和（50±1）℃条件下研究紫铜及其沉积NaCl后的腐蚀行为，研究发现氯离子加剧了紫铜的腐蚀，且温度升高，紫铜的腐蚀速率提高。紫铜暴露在大气中的腐蚀产物主要是由氧化亚铜组成；而沉积NaCl后的紫铜的腐蚀产物主要是由氧化亚铜、碱式氯化铜组成，故腐蚀更严重。

　　本节研究T2紫铜在文昌滨海大气环境下的腐蚀行为与机理，对T2紫铜在大气暴露过程中的腐蚀动力学过程、腐蚀形貌及腐蚀产物的组成进行分析，以及对T2紫铜在热带滨海大气环境下的腐蚀行为进行研究。

9.1.2 ／ 化学成分与力学性能

　　（1）化学成分　GB/T 5231—2022规定的化学成分见表9-1。

表9-1　化学成分

牌号	化学成分（质量分数）/%						
	Cu+Ag	Bi	Sb	As	Fe	Pb	S
T2	99.90	0.001	0.002	0.002	0.005	0.005	0.005

　　（2）力学性能　GB/T 2040—2017规定的力学性能见表9-2。

表9-2　力学性能

牌号	状态	拉伸试验			硬度试验	
		厚度/mm	抗拉强度 R_m/MPa	断后伸长率 $A_{11.3}$/%	厚度/mm	维氏硬度（HV）
T2	M20	4～14	≥195	≥30	—	—
	O60	0.3～10	≥205	≥30	≥0.3	≤70
	H01		215～295	≥25		60～95
	H02		245～345	≥8		80～110
	H04		295～395	—		90～120
	H06		≥350	—		≥110

9.1.3 ／ 腐蚀速率

　　腐蚀速率计算按照标准GB/T 19292.4—2018《金属和合金的腐蚀 大气腐蚀性 第

4部分：用于评估腐蚀性的标准试样的腐蚀速率的测定》进行，通过失重法得到腐蚀失重和腐蚀失厚（表9-3）。

表9-3 T2紫铜在文昌户外暴露腐蚀失重和腐蚀失厚

品种	试验方式	暴露时间							
		0.5年		1年		2年		4年	
		腐蚀失重 /(g/m²)	腐蚀失厚 /mm	腐蚀失重 /(g/m²)	腐蚀失厚 /mm	腐蚀失重 /(g/m²)	腐蚀失厚 /mm	腐蚀失重 /(g/m²)	腐蚀失厚 /mm
轧制板材	文昌户外	22.50	0.003	42.20	0.005	70.00	0.008	148.60	0.017

图9-1所示为T2紫铜的腐蚀失厚曲线及按照$D=At^n$拟合得到的腐蚀失重幂函数拟合曲线，表9-4所示是拟合曲线的相关参数，A值表示材料暴露初期的腐蚀速率，通过n值可以看出材料腐蚀发展的速率和腐蚀产物层的保护能力，R^2是拟合曲线的相关系数。可以看出，随着户外暴露时间的延长，T2紫铜的腐蚀失重不断增大，但其增大的速率在缓慢降低，随着腐蚀的发展，其材料表面生成大量腐蚀产物，这些腐蚀产物对基体起保护作用，从而抑制腐蚀的进一步发展。

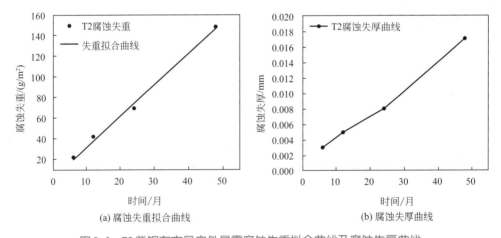

(a) 腐蚀失重拟合曲线   (b) 腐蚀失厚曲线

图9-1 T2紫铜在文昌户外暴露腐蚀失重拟合曲线及腐蚀失厚曲线

表9-4 幂函数拟合曲线相关参数

参数	A	n	R^2
值	3.5636	0.9608	0.9944

图9-2所示是T2紫铜在文昌海洋大气环境中暴露4年内的失重、失厚速率变化曲线。从T2紫铜在户外暴露过程中腐蚀速率随时间的变化曲线可以看出，T2紫铜

在户外暴露初期腐蚀速率较高，且随着时间推移，腐蚀速率呈先下降后上升趋势（表9-5）。对其大气腐蚀失重进行幂函数拟合，得其拟合函数方程$D=3.5636t^{0.9608}$，拟合方程相关系数为0.9944。

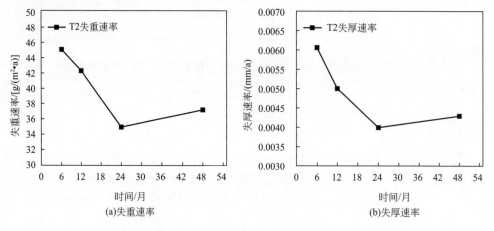

(a)失重速率   (b)失厚速率

图9-2　T2紫铜在文昌户外暴露不同时间腐蚀速率变化曲线

表9-5　T2紫铜在文昌户外暴露不同时间腐蚀速率

品种	试验方式	暴露时间							
		0.5年		1年		2年		4年	
		失重速率/[g/(m²·a)]	失厚速率/(mm/a)	失重速率/[g/(m²·a)]	失厚速率/(mm/a)	失重速率/[g/(m²·a)]	失厚速率/(mm/a)	失重速率/[g/(m²·a)]	失厚速率/(mm/a)
轧制板材	文昌户外	45	0.006	42.2	0.005	35	0.004	37.15	0.0043

9.1.4　腐蚀形貌

　　T2紫铜试样在文昌户外暴露不同时间后的宏观腐蚀形貌如图9-3所示，暴露48个月的T2紫铜表面覆盖一层棕色的腐蚀产物，棕色腐蚀产物上附着许多绿色点状腐蚀产物。试样表面的锈蚀发展较为缓慢，随着暴露时间延长，腐蚀速率并没有明显加快，48个月后试样表面仍然较为完整。

　　图9-4所示为去除腐蚀产物后T2紫铜在3D共聚焦显微镜下观察到的试样蚀坑深度腐蚀形貌，图中可见明显点蚀坑，但是尺寸相对较小，平均直径为1.04μm，平均点蚀坑深度为4.78μm，最大点蚀坑深度为6.66μm。

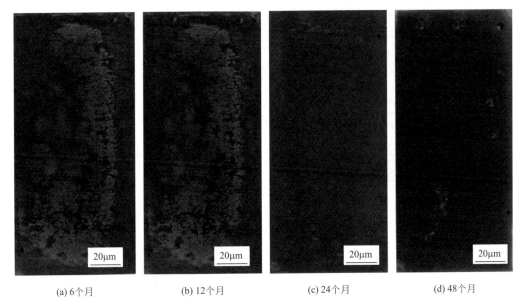

| (a) 6个月 | (b) 12个月 | (c) 24个月 | (d) 48个月 |

图 9–3　T2 紫铜在文昌户外暴露不同时间后的宏观腐蚀形貌

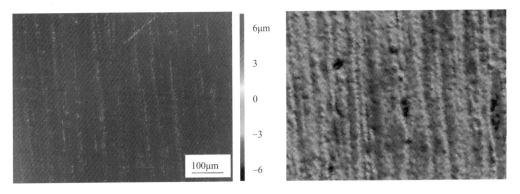

图 9–4　T2 紫铜在文昌户外暴露 48 个月清除腐蚀产物后蚀坑深度腐蚀形貌

9.1.5　腐蚀产物

图 9-5 所示为 T2 紫铜在文昌户外暴露 48 个月后的腐蚀产物微观形貌及能谱结果。由微观形貌图可知，其表面不平整，有凸起的球状腐蚀产物，表明其发生了腐蚀行为，但并未见明显脱落和裂纹；由能谱结果可知，腐蚀产物主要由 Cu、O、Cl 元素组成。

对户外暴露试验后的 T2 紫铜表面进行 X 射线衍射（XRD）测试，如图 9-6 所示。经 48 个月的户外暴露试验后，XRD 结果显示腐蚀产物为 $Cu_2Cl(OH)_3$ 和 Cu_2O。

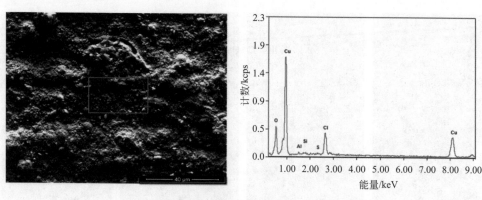

图9-5 T2紫铜在文昌户外暴露48个月后的腐蚀
产物微观形貌及能谱结果

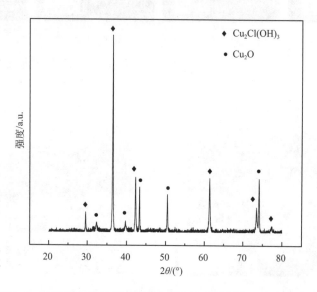

图9-6 T2紫铜在文昌户外暴露48个月后的腐蚀产物XRD图谱

9.2 / 黄铜（H62）

9.2.1 / 概述

  H62铜合金是指平均铜含量为62%的普通黄铜。H62铜合金具有良好的力学性能和较强的耐磨性能，常被用于制造阀门、水管、空调连接管和散热器等。其室温组织和力学性能随着锌含量的变化而变化。一般情况下，黄铜具有较强的耐大气腐蚀能力，但是在湿热的海洋大气环境中，由于高的湿度、氯离子浓度、长时间日照等条件，其表面/薄液膜界面处会发生电化学反应，导致腐蚀现象的产生。

吴军等[6]研究了H62黄铜在西沙群岛典型热带海洋大气环境中暴露1、3、6个月的腐蚀行为。结果表明，H62黄铜在西沙海洋大气环境中暴露早期发生明显的局部腐蚀，其认为氧和Cl^-是促进早期腐蚀的主要原因，高的相对湿度、温度等海洋环境会提高其腐蚀速率，腐蚀产物都有裂纹；主要的腐蚀产物为$Cu_3Cl_4(OH)_2$和$Zn_5(OH)_8Cl_2 \cdot H_2O$。陈杰等[7]进行了海军用HSn62-1黄铜在3种典型大气环境中（北京、江津、万宁）为期20年的现场暴露试验，结果表明长期暴露过程中，腐蚀重量损失在工业酸雨大气环境中最大，海洋大气环境中最小，在半乡村大气环境中居中；腐蚀速率在工业酸雨和海洋大气环境中随时间逐渐降低，而在半乡村大气中逐渐提高，且在长期腐蚀过程中发生脱锌腐蚀，腐蚀类型为晶间腐蚀；腐蚀产物主要为Cu_2O和ZnO，海洋大气腐蚀的腐蚀产物中还有少量$Cu_2Cl(OH)_3$。蒋以奎等[8]研究了有SO_2污染物的黄铜电极在大气中的腐蚀行为，研究结果表明表面沉积有SO_2污染物的黄铜电极的腐蚀反应阻力明显小于表面无污染物的黄铜电极，且表面沉积污染物越多，腐蚀反应阻力越小，随着反应时间延长，腐蚀产物增多，表面伏打电位升高，表面反应活性降低，且腐蚀产物主要为$ZnSO_4 \cdot 7H_2O$、$CuSO_4 \cdot 3H_2O$和ZnO，还有少量的$Zn(OH)_2$、$Cu(OH)_2$和CuO。陈杰等比较了大气中多种腐蚀性污染物对黄铜腐蚀速率的影响，发现SO_2对铜及铜合金的腐蚀影响最大。在大气环境中，SO_2被金属表面的薄液膜吸附、水解，形成HSO_3^-，加速金属的腐蚀[9-11]。郁大照等[12]研究了温度和Cl^-浓度对H62铜合金腐蚀的影响，利用方差分析发现，随着温度的升高以及Cl^-浓度的增大，H62铜合金腐蚀加重。

本节研究H62黄铜在文昌海洋大气环境中的腐蚀行为与机理，对H62黄铜在大气暴露过程中的腐蚀动力学过程、腐蚀形貌及腐蚀产物的组成进行分析，由此得到黄铜在实际环境中应用时的腐蚀规律。

9.2.2 化学成分与力学性能

（1）化学成分 GB/T 5231—2022规定的化学成分见表9-6。

表9-6 化学成分

牌号	化学成分（质量分数）/%				
	Cu	Fe	Pb	Zn	杂质总和
H62	60.5~63.5	0.15	0.08	余量	0.3

（2）力学性能 GB/T 2040—2017规定的力学性能见表9-7。

表9-7 力学性能

牌号	状态	拉伸试验			硬度试验	
		厚度/mm	抗拉强度R_m/MPa	断后伸长率$A_{11.3}$/%	厚度/mm	维氏硬度(HV)
H62	M20	4~14	≥290	≥30	—	—
	O60	0.3~10	≥290	≥35	≥0.3	≤95
	H02		350~470	≥20		90~130
	H04		410~630	≥10		125~165
	H06		≥585	≥2.5		≥155

9.2.3 / 腐蚀速率

H62黄铜在文昌户外暴露48个月后的腐蚀失重及腐蚀失厚如表9-8所示，图9-7所示为H62黄铜的腐蚀失厚曲线及按照$D=At^n$拟合得到的腐蚀失重幂函数拟合曲线，表9-9所示为拟合曲线的相关参数。其具体参数意义与T2紫铜一致。其腐蚀产物对基体产生保护作用。

表9-8 H62黄铜合金在文昌户外暴露腐蚀失重和腐蚀失厚

品种	试验方式	暴露时间							
		0.5年		1年		2年		4年	
		腐蚀失重/(g/m²)	腐蚀失厚/mm	腐蚀失重/(g/m²)	腐蚀失厚/mm	腐蚀失重/(g/m²)	腐蚀失厚/mm	腐蚀失重/(g/m²)	腐蚀失厚/mm
轧制板材	文昌户外	4.405	0.0005	6.8	0.0008	18	0.0021	38.24	0.0045

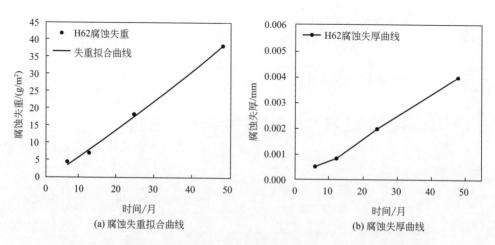

(a) 腐蚀失重拟合曲线　　(b) 腐蚀失厚曲线

图9-7 H62黄铜合金在文昌户外暴露腐蚀失重拟合曲线及腐蚀失厚曲线

表9-9 幂函数拟合曲线相关参数

参数	A	n	R^2
值	0.4730	1.1352	0.9968

图9-8所示是H62黄铜在文昌户外暴露4年内的失重、失厚速率变化曲线。从H62黄铜在户外暴露过程中腐蚀速率随时间的变化曲线可以看出，H62黄铜在暴露初期腐蚀速率较高，且随着时间推移，腐蚀速率呈先下降后上升趋势（表9-10）。对其大气腐蚀失重进行幂函数拟合，得其拟合函数方程$D=0.4730t^{1.1352}$，拟合方程相关系数为0.9968。

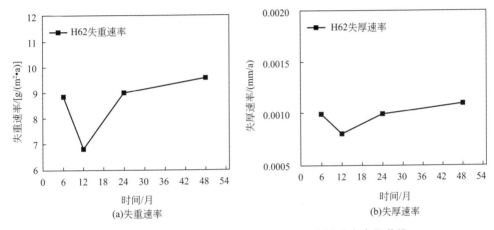

(a)失重速率 (b)失厚速率

图9-8 H62黄铜在文昌户外暴露不同周期腐蚀速率变化曲线

表9-10 H62黄铜在文昌户外暴露不同时间腐蚀速率

品种	试验方式	暴露时间							
		0.5年		1年		2年		4年	
		失重速率/[g/(m²·a)]	失厚速率/(mm/a)	失重速率/[g/(m²·a)]	失厚速率/(mm/a)	失重速率/[g/(m²·a)]	失厚速率/(mm/a)	失重速率/[g/(m²·a)]	失厚速率/(mm/a)
轧制板材	文昌户外	8.81	0.001	6.80	0.0008	9.00	0.0010	9.56	0.0011

9.2.4 腐蚀形貌

文昌户外暴露不同时间后的H62黄铜试样的宏观腐蚀形貌如图9-9所示，暴露48个月后，表面出现红褐色的腐蚀产物，局部还出现不均匀的蓝绿色腐蚀产物。

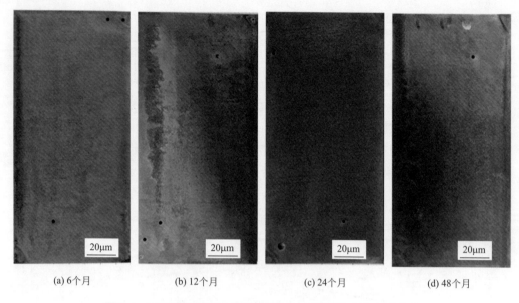

<table>
<tr><td>(a) 6个月</td><td>(b) 12个月</td><td>(c) 24个月</td><td>(d) 48个月</td></tr>
</table>

图9-9　H62黄铜在文昌户外暴露不同时间后的宏观腐蚀形貌

　　图9-10所示为H62黄铜去除腐蚀产物后在3D共聚焦显微镜下观察到的试样蚀坑深度腐蚀形貌，由图可见明显点蚀坑，统计其多个点蚀坑算出点蚀坑平均直径为1.11μm，平均深度为5.28μm，最大点蚀坑深度为9.17μm。

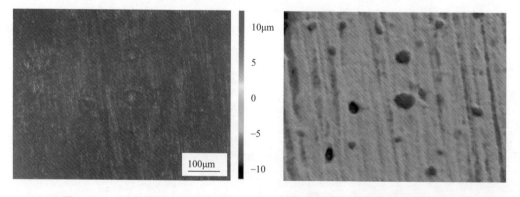

图9-10　H62黄铜在文昌户外暴露48个月清除腐蚀产物后蚀坑深度腐蚀形貌

9.2.5 ╱ 腐蚀产物

　　图9-11所示为H62黄铜在文昌户外暴露48个月后的腐蚀产物微观形貌及能谱结果。由微观形貌图可见，表面有明显可见的凸起，表明其发生了明显的腐蚀行为，能谱结果表明其腐蚀产物主要由Cu、O、Zn、Cl元素组成。

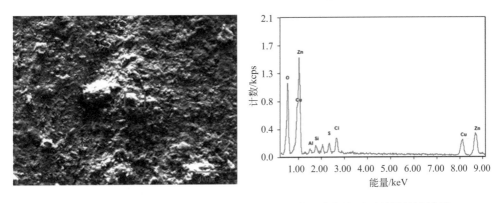

图 9–11　H62 黄铜在文昌户外暴露 48 个月后的腐蚀产物微观形貌及能谱结果

对暴露试验后的 H62 黄铜表面进行 X 射线衍射测试，结果如图 9-12 所示。经 48 个月的户外暴露试验后，XRD 结果显示腐蚀产物为 $Cu_{0.64}Zn_{0.36}$、$Cu_2Cl(OH)_3$ 和 Cu_2O。

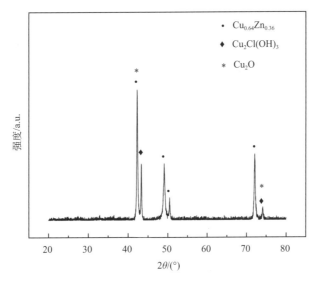

图 9–12　H62 黄铜在文昌户外暴露 48 个月后的腐蚀产物 XRD 图谱

9.3　锡青铜（QSn6.5-0.1）

9.3.1　概述

青铜是金属冶铸史上最早的合金，即在纯铜中加入锡或铅的合金。与纯铜相比，青铜强度高且熔点低（添加25%的锡冶炼青铜，熔点就会降低到800℃。纯铜的熔点为1083℃）。青铜铸造性好，耐磨且化学性质稳定，但是在湿度高、温度高、含盐度高的大气环境中也会发生腐蚀行为，造成材料失效。

孔德成等[13]分别对暴露在恶劣的海洋环境中6和12个月后的QSn6.5-0.1青铜进行了研究，通过失重法计算出其腐蚀速率分别为46.4g/(m²·a)和38.0g/(m²·a)，表明腐蚀产物对基体有保护作用，两个暴露周期后的试样均发生点蚀，长期暴露后的试样出现明显的片状腐蚀，腐蚀产物为Cu_2O、$CuCl$和$Cu_2Cl(OH)_3$，且腐蚀产物内层的锡含量高于外层。方柳静[14]对青铜材料在腐蚀60天后的腐蚀形貌与产物进行了分析。结果表明：光照的存在以及温度、湿度的升高都会加速青铜文物模拟材料的腐蚀，其中LED灯在色温为4000K时对青铜材料的腐蚀影响最严重，腐蚀60天后的主要腐蚀产物为Cu_2O、CuO、SnO、SnO_2，还有少量铜的碳酸盐、铜的硫酸盐与硫化物、铜的硝酸盐与亚硝酸盐、铜的氯化物。T.Chang等[15]将商用青铜$Cu4Sn$、$Cu6Sn$暴露在欧洲沿海和内陆城市（米兰、西班牙等地）5年，研究结果表明其表面腐蚀产物主要由Cu_2O和Sn的氧化物组成，Sn的氧化物对铜氧化和铜氧化物还原有阻碍作用；发现在城市条件下，锡氧化物（主要是SnO_2）在整个锈层中有一定程度的富集，而在海洋条件下，锡氧化物在锈层的内层，不能起到有效的腐蚀屏障作用。学者们对铜合金的大气腐蚀行为进行了进一步研究，廖晓宁等采用阴极极化曲线、开路电位和电化学阻抗谱（EIS），监测青铜在不同薄液膜厚度下的大气腐蚀行为。阴极极化曲线结果表明，阴极极限电流密度随着液膜的减薄而增大。电化学阻抗谱结果表明，在腐蚀初期，腐蚀速率随着液膜的减薄而提高，这主要是由于腐蚀速率是由阴极过程控制的[16]。此外，有些学者借助原子力显微镜等测试手段对铜的腐蚀行为进行了进一步分析[17-19]。

本节研究QSn6.5-0.1青铜在文昌海洋大气环境中的腐蚀行为与机理，对QSn6.5-0.1青铜在大气暴露过程中的腐蚀动力学过程、腐蚀形貌及腐蚀产物的组成进行分析，以及对QSn6.5-0.1青铜在热带滨海大气环境下的腐蚀行为进行研究。

9.3.2　化学成分与力学性能

（1）化学成分　GB/T 5231—2022规定的化学成分见表9-11。

表9-11　化学成分

牌号	化学成分（质量分数）/%							
	Cu	Sn	Fe	Pb	Al	Zn	P	杂质总和
QSn6.5-0.1	余量	6.0～7.0	0.05	0.02	0.002	0.3	0.10～0.25	0.4

（2）力学性能　GB/T 2040—2017规定的力学性能见表9-12。

表 9-12　力学性能

牌号	状态	拉伸试验			硬度试验	
		厚度/mm	抗拉强度 R_m/MPa	断后伸长率 $A_{11.3}$/%	厚度/mm	维氏硬度 (HV)
QSn6.5-0.1	M20	9～14	≥290	≥38	—	—
	O60	0.2～12	≥315	≥40	≥0.2	≤120
	H01	0.2～12	390～510	≥35		110～155
	H02	0.2～12	490～610	≥8		150～190
	H04	0.2～3	590～690	≥5		180～230
		>3～12	540～690	≥5		180～230
	H06	0.2～5	635～720	≥1		200～240
	H08	0.2～5	≥690	—		≥210

9.3.3　腐蚀速率

　　QSn6.5-0.1青铜在文昌户外暴露48个月后的腐蚀失重及腐蚀失厚如表9-13所示，图9-13所示为QSn6.5-0.1青铜的腐蚀失厚曲线及按照$D=At^n$拟合得到的腐蚀失重拟合曲线幂函数拟合曲线，表9-14所示为拟合曲线的相关参数。具体参数意义与T2紫铜一致，腐蚀产物对基体产生保护作用。

表 9-13　QSn6.5-0.1青铜在文昌户外暴露腐蚀失重和腐蚀失厚

品种	试验方式	暴露时间							
		0.5年		1年		2年		4年	
		腐蚀失重/(g/m²)	腐蚀失厚/mm	腐蚀失重/(g/m²)	腐蚀失厚/mm	腐蚀失重/(g/m²)	腐蚀失厚/mm	腐蚀失重/(g/m²)	腐蚀失厚/mm
轧制板材	文昌户外	23.2	0.0026	38	0.0043	61	0.0069	117.52	0.0134

表 9-14　幂函数拟合曲线相关参数

参数	A	n	R^2
值	4.6062	0.8336	0.9945

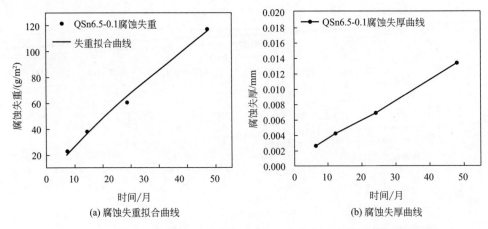

(a) 腐蚀失重拟合曲线　　　　　　　　(b) 腐蚀失厚曲线

图9-13　QSn6.5-0.1青铜在文昌户外暴露腐蚀失重拟合曲线及腐蚀失厚曲线

图9-14所示分别是QSn6.5-0.1青铜在文昌户外暴露4年内的腐蚀失重、失厚速率变化曲线。从QSn6.5-0.1青铜在户外暴露过程中腐蚀速率随时间的变化曲线可以看出，QSn6.5-0.1青铜在暴露初期腐蚀速率较高，且随着时间推移，腐蚀速率呈下降趋势（表9-15）。对其大气腐蚀失重进行幂函数拟合，得其拟合函数方程$D=4.6062t^{0.8336}$，拟合方程相关系数为0.9945。

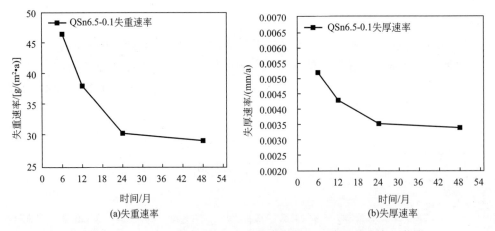

(a)失重速率　　　　　　　　　　　(b)失厚速率

图9-14　QSn6.5-0.1青铜在文昌户外暴露不同时间腐蚀速率变化曲线

表9-15　QSn6.5-0.1青铜在文昌户外暴露不同时间腐蚀速率

品种	试验方式	暴露时间							
		0.5年		1年		2年		4年	
		失重速率/[g/(m²·a)]	失厚速率/(mm/a)	失重速率/[g/(m²·a)]	失厚速率/(mm/a)	失重速率/[g/(m²·a)]	失厚速率/(mm/a)	失重速率/[g/(m²·a)]	失厚速率/(mm/a)
轧制板材	文昌户外	46.4	0.0052	38	0.0043	30.5	0.0035	29.38	0.0034

9.3.4 腐蚀形貌

QSn6.5-0.1青铜在文昌户外暴露不同时间后的宏观腐蚀形貌如图9-15所示，暴露初期，表面形成一层红棕色腐蚀产物，暴露48个月后，其上面还附着一层不均匀的白色腐蚀产物。

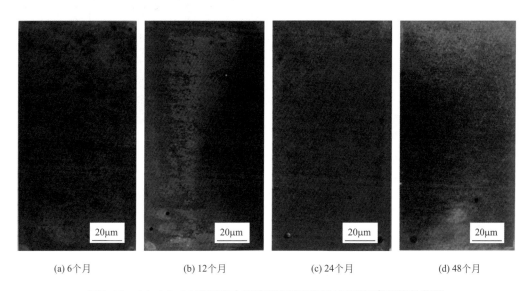

(a) 6个月　　　　(b) 12个月　　　　(c) 24个月　　　　(d) 48个月

图9-15　QSn6.5-0.1青铜在文昌户外暴露不同时间后的宏观腐蚀形貌

图9-16所示为去除腐蚀产物后在3D共聚焦显微镜下观察到的QSn6.5-0.1青铜腐蚀形貌，由图可见其明显发生了点蚀，统计发现其点蚀坑深度差异较大，最大点蚀坑深度可达17μm，最小的仅有3.44μm，平均点蚀坑深度为7.58μm，平均直径为0.96μm。

图9-16　QSn6.5-0.1青铜在文昌户外暴露48个月清除腐蚀产物后蚀坑深度腐蚀形貌

／ **腐蚀产物**

　　图9-17所示为QSn6.5-0.1青铜在文昌户外暴露48个月后的腐蚀产物微观形貌及能谱结果。由微观形貌图可见其表面有明显的脱落，腐蚀严重；其外层和内层的能谱结果显示，内外层产物元素含量明显不同，尤其是Cu的含量，内层基本由Cu元素组成，可知其为基体 [图9-17（a）]，而外层的腐蚀产物主要由Cu、O元素组成 [图9-17（b）]。

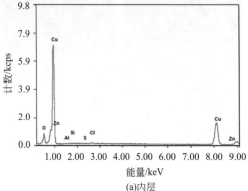

(a)内层

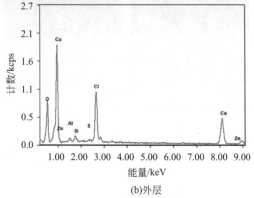

(b)外层

图9–17　QSn6.5–0.1青铜在文昌户外暴露48个月后的腐蚀产物微观形貌及能谱结果

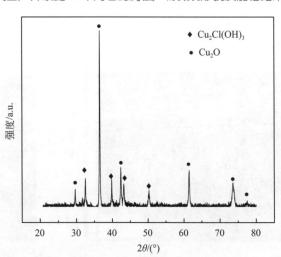

　　对文昌户外暴露试验后的锡青铜表面进行X射线衍射测试，结果如图9-18所示。经48个月暴露后，XRD结果显示腐蚀产物为$Cu_2Cl(OH)_3$和Cu_2O。

图9–18　QSn6.5–0.1青铜在文昌户外暴露48个月后的腐蚀产物XRD图谱

9.4 / 铍铜（QBe2）

9.4.1 / 概述

铍铜是以铍为主要添加元素的铜基合金。铍铜的铍含量为0.15%～3.0%，再加入少量的（0.2%～2.0%）钴或镍第三组元。该合金可以用过热处理进行强化。铍铜无磁性、抗火花、耐磨损、耐腐蚀、抗疲劳和抗应力松弛，并且易于铸造和压力加工成型。铍铜可用于塑料或玻璃的铸模、电阻焊电极、电子器件中的载流簧片、接插件、触点、紧固弹簧、石油开采用防爆工具、海底电缆防护罩等。铍元素的加入可以提高其耐腐蚀性，但是在高温高湿的大气下依然会发生腐蚀。

任佩云等[20]研究发现外加磁场会加速铍铜在海洋大气环境中的腐蚀速率，但不会影响腐蚀产物的物相，铍铜的主要腐蚀产物为$CuCl_2$、Cu_2O、$CuSO_4 \cdot 3Cu(OH)_2 \cdot 2H_2O$和$CuCl_2 \cdot 3Cu(OH)_2$，还有少量的$Al_2O_3$。此外，王丽媛等[21]研究了$SO_2$和NaCl对铜大气腐蚀的影响，发现$SO_2$与NaCl均加速了铜的腐蚀速率；铜表面沉积NaCl后，吸湿性增强，铜表面易形成水膜，大气中的SO_2溶解于水膜中降低了水膜的pH值，加速了铜腐蚀产物的生成；NaCl对铜的腐蚀大于SO_2；SO_2与NaCl协同作用下铜的主要腐蚀产物是$Cu_4SO_4(OH)_6$、CuO_2、$CuSO_4$、$Cu_2Cl(OH)_3$。一般来说，通过电化学阻抗谱技术研究铜在大气环境中的腐蚀行为，主要涉及在干湿循环的大气环境中铜的腐蚀的规律与机理[22-25]。

本节研究TBe2铍铜在文昌滨海环境下的腐蚀行为与机理，对QBe2铍铜在大气暴露过程中的腐蚀动力学过程、腐蚀形貌及腐蚀产物的组成进行分析，为铍铜在热带滨海大气环境中的应用提供实践经验。

9.4.2 / 化学成分

GB/T 5231—2022规定的化学成分见表9-16。

表9-16　化学成分

牌号	化学成分（质量分数）/%							
	Cu	Be	Ni	Si	Fe	Al	Pb	杂质总和
QBe2	余量	1.8～2.1	0.2～0.5	0.15	0.15	0.15	0.005	0.5

9.4.3 / 腐蚀速率

QBe2铍铜在文昌户外暴露48个月后的腐蚀失重及腐蚀失厚如表9-17所示，图9-19所示为QBe2的腐蚀失厚曲线及按照$D=At^n$拟合得到的腐蚀失重幂函数拟合曲线，表9-18所示为拟合曲线的相关参数。其具体参数意义与T2紫铜一致，腐蚀产物对基体产生保护作用。

表9-17　QBe2铍铜在文昌户外暴露腐蚀失重和腐蚀失厚

品种	试验方式	暴露时间							
		0.5年		1年		2年		4年	
		腐蚀失重/(g/m²)	腐蚀失厚/mm	腐蚀失重/(g/m²)	腐蚀失厚/mm	腐蚀失重/(g/m²)	腐蚀失厚/mm	腐蚀失重/(g/m²)	腐蚀失厚/mm
轧制板材	文昌户外	8.55	0.0010	15.50	0.0019	32.00	0.0039	74.15	0.0090

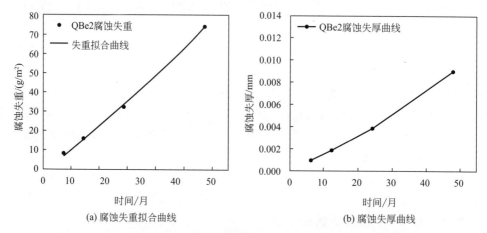

(a) 腐蚀失重拟合曲线　　　(b) 腐蚀失厚曲线

图9-19　QBe2铍铜在文昌户外暴露腐蚀失重拟合曲线及腐蚀失厚曲线

表9-18　幂函数拟合曲线相关参数

参数	A	n	R^2
值	0.8827	1.1432	0.9980

图9-20所示是QBe2铍铜在文昌户外暴露4年内的腐蚀失重、失厚速率变化曲线。从QBe2铍铜在户外暴露过程中腐蚀速率随时间的变化曲线可以看出，QBe2铍铜在暴露初期腐蚀速率较高，且随着时间推移，腐蚀速率呈先降低后提高的趋势（表9-19）。对其大气腐蚀失重进行幂函数拟合，得其拟合函数方程$D=0.8827t^{1.1432}$，拟合方程相关系数为0.9980。

表9-19　QBe2铍铜在文昌户外暴露不同时间腐蚀速率

品种	试验方式	暴露时间							
		0.5年		1年		2年		4年	
		失重速率/[g/(m²·a)]	失厚速率/(mm/a)	失重速率/[g/(m²·a)]	失厚速率/(mm/a)	失重速率/[g/(m²·a)]	失厚速率/(mm/a)	失重速率/[g/(m²·a)]	失厚速率/(mm/a)
轧制板材	文昌户外	17.1	0.002	15.5	0.0019	16	0.00195	18.54	0.0023

(a)失重速率

(b)失厚速率

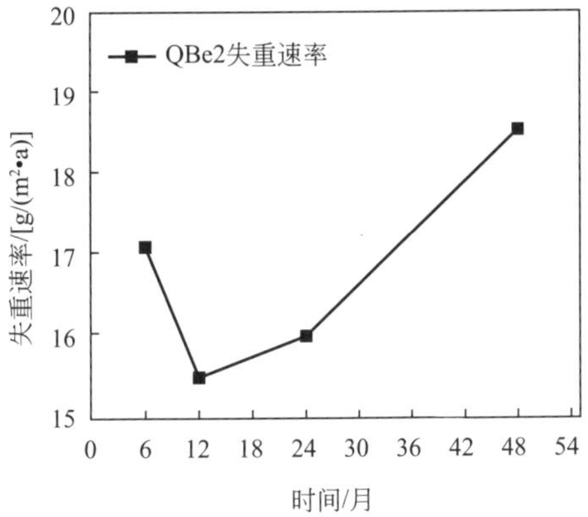

图9-20　QBe2铍铜在文昌户外暴露不同时间腐蚀速率变化曲线

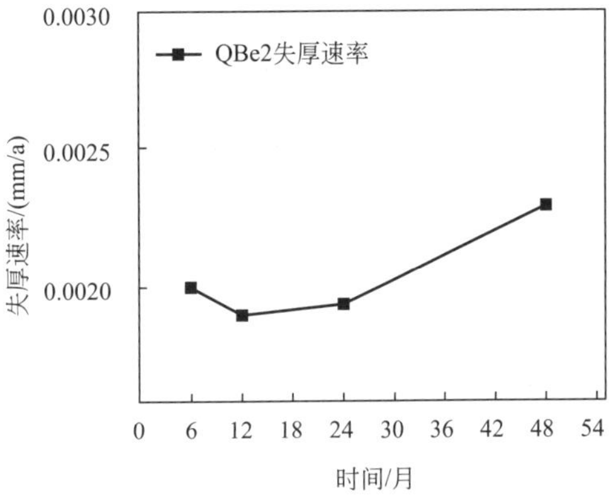

9.4.4　腐蚀形貌

文昌户外暴露不同周期后的QBe2铍铜试样的宏观腐蚀形貌如图9-21所示。暴露初期，表面形成一层棕色腐蚀产物，暴露48个月后，试样四周出现不均匀的绿色点状腐蚀产物。

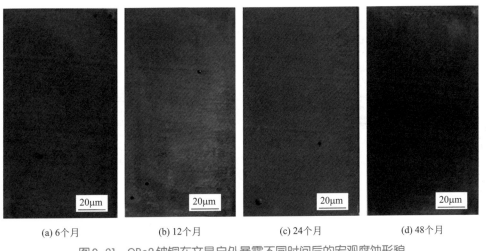

(a) 6个月　(b) 12个月　(c) 24个月　(d) 48个月

图9-21　QBe2铍铜在文昌户外暴露不同时间后的宏观腐蚀形貌

去除腐蚀产物后QBe2铍铜在3D共聚焦显微镜下观察的腐蚀形貌，如图9-22所示，可见明显点蚀坑，但其数量不多，统计其点蚀坑得出点蚀坑平均直径为1.08μm，平均深度为4.08μm，最大点蚀坑深度为7.08μm。

图9-22　QBe2铍铜在文昌户外暴露48个月清除腐蚀
产物的蚀坑深度腐蚀形貌

9.4.5 ／ 腐蚀产物

通过腐蚀产物微观形貌图可以看出铍铜表面存在凸起状的腐蚀产物，能谱结果表明其腐蚀产物主要由Cu、O、Cl元素组成（图9-23）。

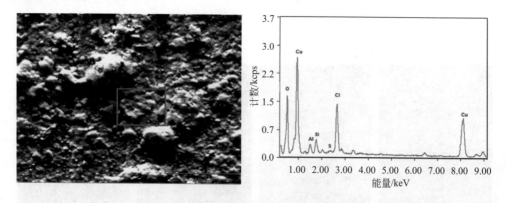

图9-23　QBe2铍铜在文昌户外暴露48个月后的
腐蚀产物微观形貌及能谱结果

对户外暴露试验后的QBe2铍铜表面进行X射线衍射测试，结果如图9-24所示。经48个月暴露试验后，XRD结果显示腐蚀产物为$Cu_2Cl(OH)_3$和Cu_2O。

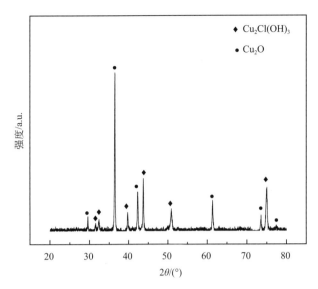

图 9-24　QBe2 铍铜在文昌户外暴露 48 个月后的腐蚀产物 XRD 图谱

9.5 白铜（B30）

9.5.1 概述

　　白铜是以镍为主要添加元素的铜基合金，纯铜加镍能显著提高强度、耐腐蚀性、硬度、电阻和热电性，并降低电阻率温度系数。因此，白铜的力学性能、物理性能较其他铜合金都要好，其延展性好、硬度高、色泽美观、耐腐蚀、富有深冲性能，被广泛用于造船、石油化工、电器、仪表、医疗器械、日用品、工艺品等领域，但在大气环境中耐腐蚀性能不佳，在相对湿度高且高氯的条件下更加容易腐蚀。

　　姜丽娜等[26]将 BFe30-1-1 铁白铜管在海洋大气环境中暴露 20 年后的腐蚀情况进行了研究，对试样去除腐蚀产物前后表面的元素分布及存在形式进行了分析。结果表明，表面腐蚀产物是 CuO、$\alpha\text{-}Fe_2O_3$ 和 Fe_3O_4，用石英玻璃刮掉表面一层腐蚀产物后检测到了 NiO，并且此时氯元素的含量较高。将户外暴露试样酸洗后，检测到 Cu_2O、FeO 和 $\gamma\text{-}Fe_2O_3$，并且检测到了较高含量的碳元素。黄松鹏等[27]以涂盐沉积的方式进行室内加速试验，研究受苯丙三氮唑（BTA）保护的白铜在模拟工业大气环境中的腐蚀行为。结果表明，腐蚀初期受 BTA 保护的白铜表面存在棱状的盐结晶，说明腐蚀介质无法完全进入基体。随着腐蚀时间延长，其对应的腐蚀电流密度呈现先减小后增大的趋势，原因在于表面除了 BTA 化学转化膜，还存在因腐蚀而产生的氧化膜，二者的共同作用延缓了腐蚀的进行，而当局部的 BTA 膜层因不断消耗出现破损，腐蚀区域则会从此处开始扩展，腐蚀电流密度也会随之增大。对比BTA处理前后的白铜，最终的腐蚀产物主要成分均为$ZnSO_4 \cdot 6H_2O$和$Cu_4(SO_4)(OH)_6$；呈现为疏松多孔状。缓蚀剂BTA存在时白铜电极表面Cu_2O膜中共存着p型和n型区域，白铜的耐腐蚀性能主要取决于Cu_2O层[28-31]。万宗跃等[32]发现在不同Cl^-、SO_4^{2-}浓度的溶液中，随着离子浓度的增加，电位负向扫描时，阳极光电流峰面积与阴极光电流峰面积之比增大，电极表面膜破坏加剧，耐腐蚀性能降低。同时，有学者认为，Cl^-破坏白铜电极钝化膜不是由于生成了$CuCl_2$，而应归因于Cl^-对Cu_2O膜的掺杂[33]。

本节研究B30白铜在文昌滨海大气环境中的腐蚀行为与机理，对其在大气暴露过程中的腐蚀动力学过程、腐蚀形貌及腐蚀产物的组成进行分析，以及对B30白铜在热带滨海大气环境下的腐蚀行为进行研究。

9.5.2 化学成分

GB/T 5231—2022规定的化学成分见表9-20。

表9-20　化学成分

牌号	化学成分（质量分数）/%									
	Cu	Ni+Co	Fe	Mn	Pb	P	S	C	Si	杂质总和
B30	余量	29.0~33.0	0.9	1.2	0.05	0.006	0.01	0.05	0.15	2.3

9.5.3 腐蚀速率

B30白铜在文昌户外暴露48个月后的腐蚀失重及腐蚀失厚如表9-21所示，图9-25所示为B30的腐蚀失厚曲线及按照$D=At^n$拟合得到的腐蚀失重幂函数拟合曲线，表9-22所示为拟合曲线的相关参数。其具体参数意义与T2紫铜一致，腐蚀产物对基体产生保护作用。

表9-21　B30白铜在文昌户外暴露腐蚀失重和腐蚀失厚

品种	试验方式	暴露时间							
		0.5年		1年		2年		4年	
		腐蚀失重/(g/m²)	腐蚀失厚/mm	腐蚀失重/(g/m²)	腐蚀失厚/mm	腐蚀失重/(g/m²)	腐蚀失厚/mm	腐蚀失重/(g/m²)	腐蚀失厚/mm
轧制板材	文昌户外	2.755	0.0003	4.65	0.00053	20	0.0023	32.81	0.0038

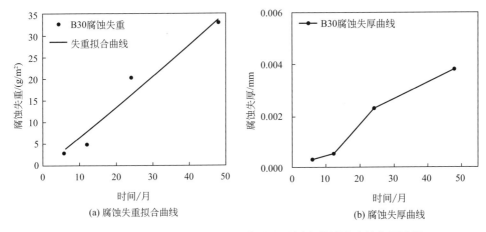

图9-25　B30白铜在文昌户外暴露腐蚀失重拟合曲线及腐蚀失厚曲线

表9-22　幂函数拟合曲线相关参数

参数	A	n	R^2
值	0.5679	1.0553	0.9565

图9-26所示是B30白铜在文昌户外暴露4年内的腐蚀失重、失厚速率变化曲线。从B30白铜在户外暴露过程中腐蚀速率随时间的变化曲线可以看出，B30白铜在暴露初期腐蚀速率较高，且随着时间推移，腐蚀速率呈先降低后提高再降低的趋势（表9-23）。对其大气腐蚀失重进行幂函数拟合，得其拟合函数方程$D=0.5679t^{1.0553}$，拟合方程相关系数为0.9565。

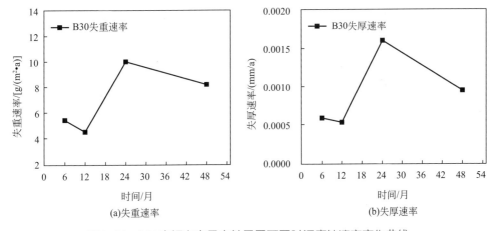

图9-26　B30白铜在文昌户外暴露不同时间腐蚀速率变化曲线

表9-23　B30在文昌户外暴露不同时间腐蚀速率

品种	试验方式	暴露时间							
		0.5年		1年		2年		4年	
		失重速率/[g/(m²·a)]	失厚速率/(mm/a)	失重速率/[g/(m²·a)]	失厚速率/(mm/a)	失重速率/[g/(m²·a)]	失厚速率/(mm/a)	失重速率/[g/(m²·a)]	失厚速率/(mm/a)
轧制板材	文昌户外	5.51	0.0006	4.65	0.00053	10.00	0.0016	8.20	0.00095

9.5.4　腐蚀形貌

　　B30白铜在文昌户外暴露不同周期后的宏观腐蚀形貌如图9-27所示，暴露初期表面形成一层棕绿色腐蚀产物，随着暴露时间的延长，试样四周分布着不均匀的绿色腐蚀产物，此外，试样表面颜色从棕绿色逐渐向暗红色转变。

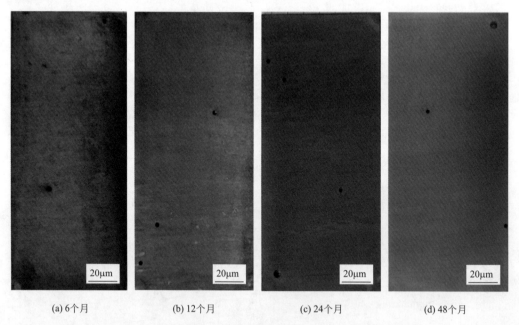

(a) 6个月　　　　　(b) 12个月　　　　　(c) 24个月　　　　　(d) 48个月

图9-27　B30白铜在文昌户外暴露不同时间后的宏观腐蚀形貌

　　图9-28所示为B30白铜去除腐蚀产物后在3D共聚焦显微镜下观察到的试样腐蚀形貌，图中可以看出其表面出现明显的点蚀坑，其平均直径在2μm左右，平均深度为7.3μm，最大点蚀坑深度为14.63μm。

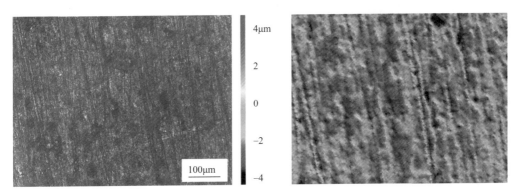

图9-28 B30白铜在文昌户外暴露48个月清除腐蚀产物后蚀坑深度腐蚀形貌

9.5.5 腐蚀产物

图9-29所示为B30白铜在文昌户外暴露48个月后的腐蚀产物微观形貌及能谱结果,由微观形貌可见B30白铜表面存在明显凸起,发生严重腐蚀行为,腐蚀产物发生明显脱落,通过腐蚀产物内外层能谱结果可知外层腐蚀产物[图9-29(b)]

存在更高含量的氯元素,这是由于氧化亚铜与Cl^-发生反应形成更加稳定的$Cu_2Cl(OH)_3$,对内层基体[图9-29(a)]形成保护作用。

对户外暴露试验后的B30白铜表面进行X射线衍射测试,结果如图9-30所示。经48个月的暴露后,XRD结果显示腐蚀产物为$Cu_2Cl(OH)_3$和Cu_2O。

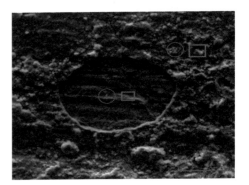

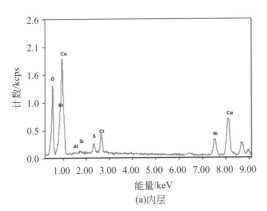

(a)内层

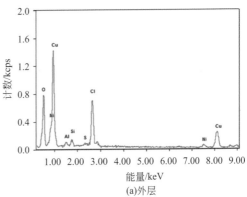

(a)外层

图9-29 B30白铜在文昌户外暴露48个月后的腐蚀产物微观形貌及能谱结果

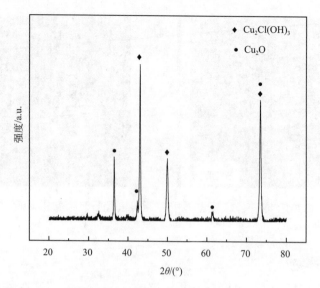

图9-30   B30在文昌户外暴露48个月后的腐蚀产物XRD图谱

参考文献

[1] Kong D，Dong C，et al. Long-term corrosion of copper in hot and dry atmosphere in Turpan，China[J]. Journal of Materials Engineering and Performance，2016，25（7）：2977-2984.

[2] Kong D，Dong C，et al. Copper corrosion in hot and dry atmosphere environment in Turpan，China[J]. Transactions of Nonferrous Metals Society of China，2016，26：1721-1728.

[3] 崔中雨，李晓刚，等. 西沙严酷海洋大气环境下紫铜和黄铜的腐蚀行为[J]. 中国有色金属学报，2013（03）：742-749.

[4] 万晔，等. 紫铜在海洋大气环境中的腐蚀研究[J]. 沈阳建筑大学学报（自然科学版），2017，32（2）：347-353.

[5] 万晔，等. 紫铜在中高温条件下的腐蚀行为[J]. 材料导报，2010，024（012）：58-61.

[6] 吴军，等. 紫铜T2和黄铜H62在热带海洋大气环境中早期腐蚀行为[J]. 中国腐蚀与防护学报，2012（01）：70-74.

[7] 陈杰，郑弃非，等. 海军黄铜HSn62-1的长期大气腐蚀行为[J]. 中国有色金属学报，2011，21（3）：577-582.

[8] 蒋以奎，葛红花，等. 表面沉积有SO_2污染物的黄铜在大气中的腐蚀行为[J]. 腐蚀与防护，2017（1）：1-5，61.

[9] 陈杰，等. 铜及铜合金大气腐蚀影响因素的灰色关联分析[J]. 腐蚀与防护，2010，031（012）：917-922.

[10] 陈文娟，等. 模拟工业-海岸大气中SO_2对Q235B钢腐蚀行为的影响[J]. 金属学报，2014，050（007）：802-810.

[11] 王振尧，等. 白铜和黄铜在SO_2气氛中的腐蚀对比[J]. 装备环境工程，2006，3（5）：16-20.

[12] 郁大照，等. 温度与氯离子浓度对H62铜合金腐蚀的影响[J]. 海军航空工程学院学报，2020，35（6）：419-426.

[13] Kong D，Dong C，et al. Insight into the mechanism of alloying elements（Sn，Be）effect on copper corrosion

during long-term degradation in harsh marine environment[J]. Applied Surface Science，2018（455）：543-553.

[14] 方柳静. 气候因素对青铜文物模拟材料大气腐蚀的影响 [J]. 华东理工大学学报（自然科学版），2015，41（4）：489-494.

[15] Chang T，Wallinder I O，et al. The role of Sn on the long-term atmospheric corrosion of binary Cu-Sn bronze alloys in architecture[J]. Corrosion Science，2019，149（APR.）：54-67.

[16] 廖晓宁，曹发和，等. 应用电化学方法原位研究薄液膜下青铜的大气腐蚀行为（英文）[J]. 中国有色金属学报：英文版，2012（05）：1239-1249.

[17] Bertrand G，et al. In-situ electrochemical atomic force microscopy studies of aqueous corrosion and inhibition of copper[J]. Journal of Electroanalytical Chemistry，2000，489（1）：38-45.

[18] Liao X，Cao F，et al. In-situ investigation of atmospheric corrosion behavior of bronze under thin electrolyte layers using electrochemical technique[J]. Transactions of Nonferrous Metals Society of China，2012，22（5）：1239-1249.

[19] Bernardi E，Chiavari C，et al. The atmospheric corrosion of quaternary bronzes：An evaluation of the dissolution rate of the alloying elements[J]. Applied Physics A，2008，92（1）：83-89.

[20] 任佩云，等. 磁场作用下铜材在海洋大气中的腐蚀行为 [J]. 腐蚀与防护，2019，40（6）：419-421.

[21] 王丽媛，王秀通，等. SO$_2$ 与 NaCl 对铜大气腐蚀的影响 [J]. 材料保护，2011（09）：28-31.

[22] Yadav A P，et al. Electrochemical impedance study on galvanized steel corrosion under cyclic wet–dry conditions—influence of time of wetness[J]. Corrosion Science，2004，46（1）：169-181.

[23] Cruz R P V，Nishikata A，et al. AC impedance monitoring of pitting corrosion of stainless steel under a wet-dry cyclic condition in chloride-containing environment[J]. Corrosion Science，1996，38（8）：1397-1406.

[24] Nishikata A，et al. Corrosion monitoring of nickel-containing steels in marine atmospheric environment[J]. Corrosion Science，2005，47（10）：2578-2588.

[25] Tsutsumi Y，Nishikata A，et al. Monitoring of rusting of stainless steels in marine atmospheres using electrochemical impedance technique[J]. Journal of the Electrochemical Society，2006，153（7）：B278-B282.

[26] 姜丽娜，隋永强，等. BFe30-1-1 白铜管在海洋大气环境中的腐蚀行为 [J]. 腐蚀与防护，2009（02）：81-83.

[27] 黄松鹏，王振尧，等. 受 BTA 保护的白铜在模拟工业大气环境中的腐蚀行为 [J]. 金属学报，57（3）：317-326.

[28] Hao Y，Yang M，et al. The effects of chloride ions and benzotriazole on photoresponses of copper electrodes[J]. Thin Solid Films，1999，347（1-2）：289-294.

[29] Maupas H，Martelet C，et al. Direct immunosensing using differential electrochemical measurements of impedimetric variations[J]. Journal of Electroanalytical Chemistry，1997，421（1）：165-171.

[30] Kamkin A，et al. Photoelectrochemical study of passive layers on copper electrodes in some alkaline media[J]. Transactions of Nonferrous Metals Society of China，1998（2）：129-134.

[31] 汪知恩，等. BTA 和 PTD 对铜的缓蚀作用的光电响应研究 [J]. 中国腐蚀与防护学报，1998，18（1）：59-63.

[32] 万宗跃，徐群杰，等. 模拟水中白铜 B30 耐蚀性影响因素的光电化学研究 [J]. 化学学报，2007，065（018）：1981-1986.

[33] Modestov A D，et al. A study by voltammetry and photocurrent response method of copper electrode behavior in acidic and alkaline solutions containing chloride ions[J]. Journal of Electroanalytical Chemistry，1995，380（1-2）：63-68.

第 10 章

文昌海洋大气环境
纯锌的腐蚀行为

10.1 概述

　　锌是一种常用的金属材料，具有良好的延展性、耐磨性和耐腐蚀性。锌由于在大气暴露环境中具有良好的耐腐蚀性能，因此广泛应用于黑色金属产品的镀层，牺牲阳极镀层对钢铁进行保护。锌产品在使用过程中的耐腐蚀性和保护性，除了取决于锌产品的生产工艺外，还取决于产品使用时的环境条件[1]。相对于其他类型的腐蚀环境，锌的大气腐蚀更加普遍。

　　大气环境腐蚀严酷性的差别主要是由气候条件和大气中的污染物及其含量引起的。湿热海洋大气环境的典型特征是高温、高湿、高盐，该环境对金属具有很强的腐蚀性。在海洋大气环境中，除了气候因素外，影响锌腐蚀的主要因素为氯化物和二氧化碳（CO_2）。已有的研究表明，锌的腐蚀速率与大气中氯离子的沉积速率之间存在线性关系，锌的腐蚀程度随着大气氯离子沉积速率的提高而增加。距海岸线越近，大气中氯离子含量越高，锌的腐蚀越严重[2, 3]。研究发现，含氯化物的环境会导致锌的局部点蚀[4]。CO_2也是影响锌腐蚀过程的另一个重要因素。Cui等[5]研究发现，在没有氯化钠（NaCl）存在的情况下，CO_2加速了锌的腐蚀，这是锌表面电解质酸化的结果。锌在大气环境中形成的氧化物可以作为保护锌腐蚀的屏障，并且该屏障的有效性取决于暴露环境和氧化物的性质。$Zn_5(OH)_8Cl_2 \cdot H_2O$和$Zn_5(OH)_6(CO_3)_2$是锌在海洋大气环境中形成的主要腐蚀产物，对锌基体具有一定的保护性[6, 7]。目前对于腐蚀产物在锌腐蚀初期阶段的演化过程及在腐蚀过程中的作用机理还不明确,尚需进一步研究。

综上,本章针对纯锌(99.99%)在海南文昌滨海大气环境开展了为期6、12、24、48个月的户外暴露试验,研究了纯锌在滨海大气环境中的腐蚀动力学、腐蚀形貌、腐蚀产物结构及演化规律,对纯锌在该环境中的腐蚀程度检测和防护寿命的预测具有一定参考价值。

10.2　化学成分

YS/T 920—2013规定的化学成分见表10-1。

表10-1　化学成分

牌号	Zn/%, 不小于	化学成分(质量分数)/×10⁻⁴%,不大于										
		Pb	Ni	Cu	Fe	Cd	Sn	Bi	Mg	Al	As	Cr	Sb
Zn-05	99.999	1.5	0.5	0.3	1.0	1.5	0.5	0.1	0.5	0.5	0.5	0.5	0.5

10.3　腐蚀速率

腐蚀速率计算按照标准GB/T 19292.4—2018《金属和合金的腐蚀 大气腐蚀性 第4部分:用于评估腐蚀性的标准试样的腐蚀速率的测定》进行,通过失重法得到腐蚀失重和腐蚀失厚(表10-2和图10-1)。

表10-2　纯锌在文昌户外暴露腐蚀失重和腐蚀失厚

品种	试验方式	暴露时间							
		0.5年		1年		2年		4年	
		腐蚀失重/(g/m²)	腐蚀失厚/mm	腐蚀失重/(g/m²)	腐蚀失厚/mm	腐蚀失重/(g/m²)	腐蚀失厚/mm	腐蚀失重/(g/m²)	腐蚀失厚/mm
纯锌	文昌户外	6.13	0.0009	12.38	0.0018	25.07	0.0035	42.32	0.0060

对试验数据进行分析,失重与时间的数据符合幂函数规则:

$$D = At^n$$

式中,D为材料的重量损失,g/m²;t为暴露时间,月;A和n为常数。

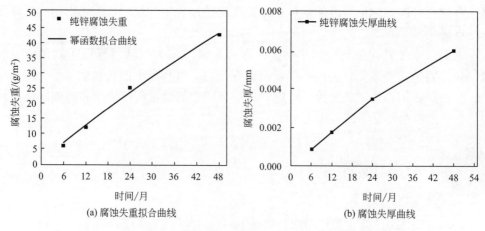

(a) 腐蚀失重拟合曲线　　　　　　　(b) 腐蚀失厚曲线

图10-1　纯锌在文昌户外暴露腐蚀失重拟合曲线及腐蚀失厚曲线

A值越大，锌的初始腐蚀速率越高。n反映了锈层的物理化学性质及其与大气环境的相互作用。n值越小，锈层的保护作用越强。对其进行幂函数拟合（表10-3），R^2是幂函数拟合相关系数。拟合方程相关系数为0.9949。n值小于1，表明锈层对纯锌有一定的保护性。

表10-3　幂函数拟合曲线相关参数

参数	A	n	R^2
值	1.5174	0.86	0.9949

　　表10-4和图10-2所示为纯锌在文昌户外暴露4年内的年平均腐蚀失重速率和年平均腐蚀失厚速率。纯锌在文昌暴露第一年的腐蚀失重速率和腐蚀失厚速率分别为12.38g/（m^2·a）和1.8μm/a。从纯锌在暴露过程中腐蚀速率随时间的变化曲线可以看出，纯锌在暴露初期腐蚀速率较高，随着时间推移，腐蚀速率呈先提高后降低的趋势。这是由于纯锌的表面形成越来越厚且致密的腐蚀产物层，从而阻碍了侵蚀性物质（O_2、H_2O、Cl^-、SO_4^{2-}、CO_2等）从环境中进入基体。

表10-4　纯锌在文昌户外暴露不同时间腐蚀速率

品种	试验方式	暴露时间							
		0.5年		1年		2年		4年	
		失重速率/[g/(m^2·a)]	失厚速率/(mm/a)	失重速率/[g/(m^2·a)]	失厚速率/(mm/a)	失重速率/[g/(m^2·a)]	失厚速率/(mm/a)	失重速率/[g/(m^2·a)]	失厚速率/(mm/a)
纯锌	文昌户外	12.26	0.0018	12.38	0.0018	12.54	0.0018	10.58	0.0015

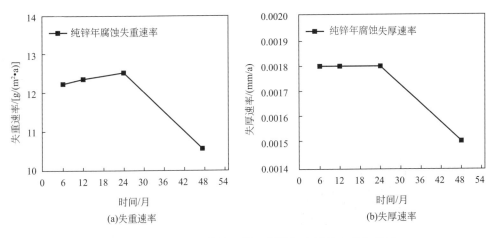

图10-2　纯锌在文昌户外暴露不同周期腐蚀速率变化曲线

10.4 / 腐蚀形貌

图10-3所示为纯锌在文昌户外暴露不同时间的宏观腐蚀形貌。暴露6个月后，可以看到样品表面均匀分布灰褐色的腐蚀麻点。12个月后，试样表面的棕色麻点消失，出现了少量肉眼可见的不连续白色斑点。24个月后，试样表面的白色腐蚀产物明显变多，且较为紧实地附着在试样表面。

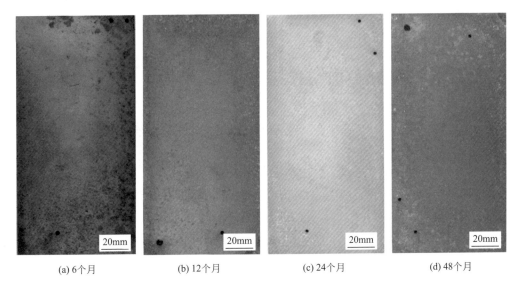

图10-3　纯锌在文昌户外暴露不同时间的宏观腐蚀形貌

　　图10-4是纯锌在文昌户外暴露24和48个月后去除腐蚀产物后的蚀坑腐蚀深度形貌图。从图中可以看出，暴露24个月后，锌表面出现大量的点蚀坑，最大点蚀深度为15μm，最大直径可达90μm。暴露48个月后，点蚀坑的直径可达132μm，最大点蚀深度为17μm。可知，随着暴露时间的延长，点蚀坑的数量变多，同时部分点蚀坑连点成面，腐蚀面积也有所增大。

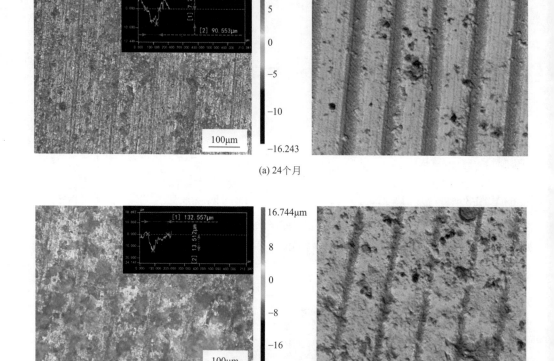

(a) 24个月

(b) 48个月

图10-4　纯锌在文昌户外暴露不同时间后去除腐蚀产物的
蚀坑腐蚀深度形貌

　　图10-5是暴露不同时间后纯锌腐蚀产物微观形貌及能谱结果，锌的表面几乎被腐蚀产物覆盖。暴露24个月后［图10-5（a）］，锌表面出现球状腐蚀产物。随着暴露时间的延长［图10-5（b）］，锌的表面出现了蜂窝状腐蚀产物。由能谱结果图可知，腐蚀产物的主要组成为Zn、O和C元素，因此腐蚀产物外层表面的成分可能为ZnO和$Zn_5(CO_3)_2(OH)_6$。

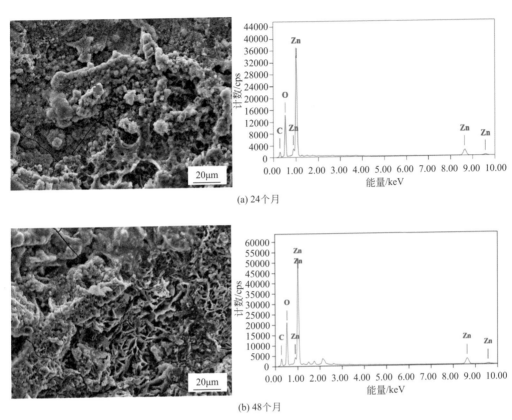

(a) 24个月

(b) 48个月

图10-5　纯锌在文昌户外暴露不同时间后的腐蚀产物微观形貌和能谱结果

10.5 / 腐蚀产物

  利用XRD对纯锌表面形成的腐蚀产物层进行成分分析，得到了腐蚀产物随暴露时间的变化，结果如图10-6所示。暴露24个月后［图10-6（a）］，纯锌表面的腐蚀产物主要是ZnO、$Zn_5(OH)_6(CO_3)_2$和$Zn_5(OH)_8Cl_2 \cdot H_2O$。暴露48个月后［图10-6（b）］，纯锌表面的腐蚀产物主要有ZnO、$Zn(OH)_2$、$Zn_5(OH)_6(CO_3)_2$和$Zn_5(OH)_8Cl_2 \cdot H_2O$。在暴露试样上未检测到含硫的腐蚀产物，说明没有氯化物之外的污染物参与腐蚀反应。从XRD图谱中可以看出，随着腐蚀时间的延长，基体峰信号强度减弱，腐蚀产物峰信号增强。这是因为腐蚀介质逐渐侵入锌中生成腐蚀产物，腐蚀产物的密实度逐渐增大，堆积并布满试样表面。$Zn_5(OH)_6(CO_3)_2$是由锌阳极溶解产生的锌离子与大气中CO_2提供的碳酸盐离子的相互作用而生成的，随后转变成其他相，即$Zn_5(OH)_8Cl_2 \cdot H_2O$。

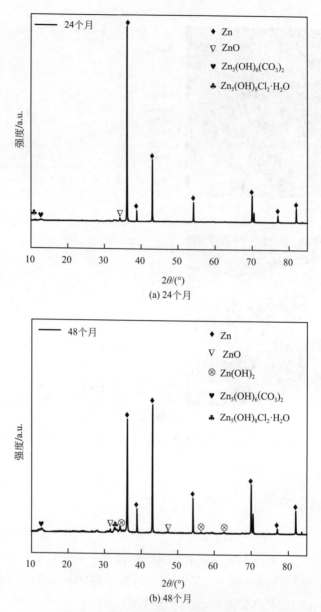

图10-6 纯锌在文昌户外暴露不同时间后的腐蚀产物XRD图谱

参考文献

[1] 舒德学，等. 纯锌在热带海洋环境下的大气腐蚀行为及规律[J]. 装备环境工程，2007（03）：45-48.

[2] Chen Z，Persson D，et al. Initial NaCl-particle induced atmospheric corrosion of zinc-effect of CO_2 and SO_2[J]. Corrosion Science，2008，50（1）：111-123.

[3]　Fuentes M，Morcillo M，et al. Atmospheric corrosion of zinc in coastal atmospheres[J]. Materials and Corrosion，2019，70（6）：1005-1015.

[4]　Cole I S，et al. Pitting of zinc：Observations on atmospheric corrosion in tropical countries[J]. Corrosion Science，2010，52（3）：848-858.

[5]　Cui Z，Xiao K，et al. Corrosion behavior of field-exposed zinc in a tropical marine atmosphere[J]. Corrosion，2014，70（7）：731-748.

[6]　Cole I S. Recent progress and required developments in atmospheric corrosion of galvanised steel and zinc：11[J]. Materials，2017，10（11）：1288.

[7]　Fuente D，Morcillo M. Long-term atmospheric corrosion of zinc[J]. Corrosion Science，2007，49（3）：1420-1436.